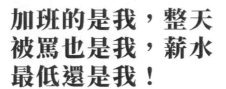

加班的是我，整天被罵也是我，薪水最低還是我！

我這麼得體又能幹 老闆為何還是看不慣？

——加班工作做不完，老闆還愛找麻煩！
——有事沒事大小聲，見面首先罵一頓！
——職場地雷踩多少，老闆才會遇你就開砲？

原來不是處處被針對，而是工作沒有做到位

今天起，失誤犯錯不找藉口，執行命令不打折扣，
跟著本書學職場生存，老闆再嚴厲也抓不出你毛病！

目 錄

目錄

第七章　做事最怕不到位

第八章　做問題的殺手

目錄 ————————————

目錄 ————————————————————————

前言

如果你總是為了一點小事，一點小麻煩，成為公司裡的問題員工，這樣的職場人生又有什麼意義呢？

在《魔鬼辭典》（*The Devil's Dictionary*）裡，對「老闆」這一詞條的解釋是：老是板著臉的人。似乎全世界的老闆都喜歡陰沉著臉，冷不防的就逮住一個「倒楣鬼」，揪出來教訓一番。而被教訓的「倒楣鬼」，如果沒有足夠的勇氣另謀高就，大約就只能苦著臉唾面自乾，等老闆走後再悄悄的罵老闆以求心理平衡。

相信不少讀者對於上述的場景早已不再陌生了。類似的遭遇即使不曾在自己身上發生過，也在身邊的同事身上看到過。

遇上這類喜歡到處找碴的老闆，真倒楣！

然而，你可曾想過：老闆為什麼要找碴？難道他真的喜歡在雞蛋裡挑骨頭？

有一個在職場廣為流傳的故事，希望能給那些只知道埋怨老闆找碴的人一點啟發。一個年輕人在一家貿易公司工作了 1 年，不僅薪資最低，而且辛苦累人的工作都是他做，更要命的是：老闆還是一個不好侍候的傢伙，老是對他的工作挑三揀四。用年輕人的話就是：「老是找我的碴。」

不是說年輕就是本錢嗎？不是說此處不留人、自有留人處嗎？年輕人血氣方剛，準備在下一次老闆再找碴時和他槓上，出了氣之後另謀出路。這個年輕人把自己的想法告訴了一個年長的朋友，他的朋友問他：「你是你們公司很重要的人嗎？」年輕人回答不是。「不是的話，你和他吵一架之後走了，也許正合他意呢！他也許高興還來不及，你出得了什麼怨氣？再說，替一個平庸的人找一個替補還不是很容易的事情？」

9

前言

　　年輕人冷靜下來想想也是，於是向朋友討教。朋友建議他：「你從現在開始，努力工作與學習，把關於該公司的大小事務盡快熟悉與掌握。等你成為了一個好手與能人之後，再一走了之，豈不讓老闆頭痛加心疼？他一時之間到哪裡去找你這麼能幹的人？這種『報復手段』，要遠比你簡單粗暴的吵架來得更有效果！」

　　年輕人不傻，想想朋友的建議真的是很有見地。於是他開始為將來的「復仇」而忙碌起來。

　　又是一年後，朋友再次見到了這位昔日不得志的年輕人。一陣寒暄過後，問年輕人：「現在學得怎麼樣？足夠讓你的老闆受『內傷』了吧？」年輕人興奮中夾雜著一絲不好意思，回答道：「自從聽了你的建議後，我一直在努力的學習和工作，只是現在我不想離開公司了。因為最近半年來，老闆又是幫我升遷，又是加薪，還經常表揚我。找碴的事情基本上沒有了，偶爾批評幾句也委婉多了。」

　　看看，這就是一個「重要」的員工與一個「不重要」的員工的天壤之別！你說是他以前本身就存在問題也好，你說老闆是「勢利眼」怕投鼠忌器也好，或許是兩者兼而有之。總之，當他成為公司一個重要的人，特別是成為一個不可或缺的人後，老闆就會自然而然的少找他的碴。道理很簡單：老闆都喜歡和欣賞有能力的手下，都不想為難有能力的手下，更不想失去有能力的手下。

　　有人說客戶是老闆的衣食父母，而老闆是員工的衣食父母。其實，只要員工做得出色，為什麼不能成為老闆的衣食父母？我的一個朋友長期從事銷售業務，業務做得非常出色。在他曾經工作過的一個公司的全年業務裡，他一個人的單占了 60%。你說，我這個朋友是不是他老闆的衣食父母？他的老闆會不會動不動找他的碴？

當然，工作績效是老闆考核員工的重點，但工作績效之外的其他方面 —— 比如人際關係，也是決定老闆是否欣賞你的一個指標。畢竟，公司的發展最終是要靠大家的一起努力。這一點，各位也不可不察。

　　最後，編者總結一句：不是老闆愛找碴，是你自己本身就有「碴」。

前言

第一章
老闆為什麼會找你的碴

第一章 老闆為什麼會找你的碴

身為公司員工，最不願意遇到的事情就是老闆找自己的碴。所謂「找碴」，意思是「故意找毛病，故意挑錯」。偶爾找自己一次兩次或許還能承受，怕就怕纏上了自己，三天兩天就把自己揪出來示眾，那真是身為職員的一種恥辱。

老闆為什麼會找你的碴？治病要找到根源才好對症下藥。要想擺脫被老闆找碴的惡夢，還得先弄明白老闆為什麼就和你槓上了。

▍哪個老闆不找碴

有人戲稱：「老闆」就是老是板著臉的人。似乎老闆們都喜歡陰沉著臉，冷不防的就逮住一個「倒楣鬼」，揪出來教訓一番。而被教訓的「倒楣鬼」，如果沒有足夠的勇氣另謀高就，大概就只能苦著臉唾面自乾，等老闆走後再悄悄的罵老闆以求心理平衡。

遇上這類喜歡到處找碴的老闆，真倒楣！

然而，你可曾想過：老闆為什麼要找碴？難道他真的喜歡在雞蛋裡挑骨頭？

流行的說法是：老闆時不時向員工找點碴，一則可以對當事人敲敲警鐘，二則造成殺雞儆猴的作用，三則可以建立自己的威信。真的是這樣嗎？

作為老闆，身上的擔子要比任何一個員工重得多。公司要是出了問題，相關員工大不了扣點薪資獎金，最嚴重的後果也就是依照規定辭退了事，員工還可以另謀他途。而老闆則不同，員工一個不慎，老闆可能就是傷筋斷骨、全盤皆輸，難以爬起。不少老闆，在公司的經營上注入了全部的身家。他輸不起，必須一絲不苟的守護好自己的全部家當。

因此，身負重任的老闆不得不處處小心，力求將每一個漏洞在漏水之前修補好，將每一個危機在來臨之前規避掉。而要做到這些，方法固然很多，但其中一定少不了對員工的高標準、嚴要求 —— 這也就是老闆愛找碴的原因。而在「找碴」過程中，難免有小題大作甚至無事生非的情況。作為員工，只要老闆做得不是很過分，適當的體諒老闆的難處與苦處很有必要。古人不是說過「有則改之，無則加勉」嘛！

再說，由於員工和老闆所處的位置不同，思考的角度與接收的資訊有很大的差異，也許員工認為的「小事」，實際上站在老闆的角度上是「大事」；員工認為的「無事」，實際上從企業的角度上看是「有事」。

我們知道，任何事物都有正反兩個方面。碰上愛找碴的老闆，大多數人都認為是自己「命」不好了，要麼逆來順受的忍受，要麼一怒之下捲鋪蓋走人。但如果我們換一個角度來看，一個愛找碴的老闆何嘗不是一個更有事業心、責任心的人。而且，在一個愛找碴的老闆手下工作，也不失為一種快速成長的途徑。

應該反思的是你自己

老闆找你的碴，首先應該反思的是你自己。這樣做並非是因為我們「端了人家的飯碗，就要服人家所管」，而是我們在任何場合都應該做到的一種處世方法。孟子認為，君子之所以不同於常人，在於君子能夠進行自我反省。孟子認為：即使受到了他人不合情理的對待，君子也必定先躬身自省，自己問自己是否做到了「仁」的境界？是否欠缺了「禮」？如果不是自己錯了，為何別人會這樣對待自己呢？等到自我反省的結果是自己做到了仁義禮節，而對方強硬蠻橫的態度仍然不變，那麼君子又必須反

 ## 第一章　老闆為什麼會找你的碴

問自己──我一定是還有做得不夠真誠的地方。再反省的結果是自己沒有不夠真誠的地方，而對方的態度依然故我，君子這時才會感慨：「他不過是一個荒誕的人罷了，這種人和禽獸又有什麼差別呢？對於禽獸根本就不需要斤斤計較。」

　　孟子所倡導的「反省再反省」精神，非常值得我們在生活與工作中學習。回到工作中來看，老闆找了你的碴，你的第一個反應應該是尋找自己的錯誤，而不是諸如「我真倒楣」或「老闆太過分了」之類的感慨與不平。

　　優秀的員工不會等到老闆找碴才進行自我反省，或等到工作出了紕漏才進行自我檢討。他們會主動出擊，先走一步，透過定期的反省把自己的工作做得更加到位，同時也大量減少留給老闆找碴的機會。這些優秀員工是如何進行主動的自我反省呢？

工作描述

　　若你不知道你需要做什麼，你就不能評價你做得怎麼樣，就像在一支球隊中一樣，在還沒有知道自己場上的位置職責和目標之前，所有隊員是不會離開更衣室的。一個清晰的工作描述應該為：

　　非常明瞭自己的工作職責有哪些；如何才能將自己的工作任務按時並品質保證的完成；是否在工作中做到不越權，不多事；如果要將自己的工作發揮到極致，老闆（或上級主管）是否會認為行得通……

鑑定

　　你現在清楚了你要做什麼，但是你做得究竟怎樣呢？

　　定期的反省會幫助我們找出自己的優點和不足。它能夠確保你清楚老闆對自己的要求，還能確保老闆了解並讚賞你的能力和成績。這是一次為未來更好而必修的功課。

反省應該是：

定期的（可能的話，6 個月 1 次）。

你怎麼與老闆共事，和老闆一起做，非正式的、雙向的、祕密的、積極的、建設性的、支援性的，你都應當反省。你需要考慮 —— 過去 6 個月中你的工作哪部分是值得做的，為什麼？

哪部分有問題，為什麼？

哪部分需要進行培訓？

你甚至可以邀請你的上司幫你檢討與反省。在這個過程中，你的態度一定要端正，以保證你的成績得到承認，同時也虛心的接受有益的批評。

設定目標

每隔 3 個月，你最好和老闆一起設定目標，並考察一下以前的目標。

新的目標應當是符合實際的和可實現的，而且有一個計劃好的完成日期。設定的目標應當有長期目標和短期目標之分。

進行目標設定使你能夠：

· 確定優先權。
· 預見問題。
· 減少浪費和誤導的損失。
· 確定個人發展方向。

積極一些！若你要進步，就要為之付出努力。升遷不會自己找上門的；你要掌握培訓和發展的自主權 —— 沒有人會替你做這些的！你常常會聽人們這樣講「唉，他的機會好」或者「就是運氣」。但你卻應該這樣想：「這是一個人努力的結果。」

從檢查你目前的職位開始：

第一章　老闆為什麼會找你的碴

- 存在什麼樣的機會？去和你的老闆談話。一定要找出對你的制約是什麼。你充分利用你的技能了嗎？
- 你能否替你的老闆擔當更多的授權任務？
- 你如何才能擴充和發展這些技能？

從你現有的水準做起是十分重要的。你必須發展你的「工具袋」，用那些日後能幫助你升遷的技能來填充它。在這個階段，你要研究這樣的問題：

- 你的職業目標是什麼？
- 你如何才能達到這個目標？

試想把一架大型噴射式客機降落在一條沒有燈光的跑道上 —— 你有訣竅嗎？稍微震動一下就會安全降落嗎？

我們常常在工作中「摸黑」前進。只要你樹立了「靶子」，你就能夠建立指引前進方向的目標。或許你得換跑道，可是你至少要知道自己在朝什麼方向走！設定目標，能幫助你：

- 找到方向。
- 不斷前進。
- 確定下一步的計畫。

你既要設定短期目標，也要設定長期目標，假如你只設定長期目標，就容易半途而廢。請你記住「千里之行始於足下」。

你若想獲得一個更高階的職位，你必須事先研究一下。接受合適的培訓；若有必要的話，用自己的時間透過公司培訓。

閱讀公司的年度報告，你必須清楚公司發展狀況，加入一個內部專案組或企劃組。

閱讀與經營有關的雜誌、貿易期刊、圖書等，參加社群集會和活動。

遭老闆責罵巧應對

身為下屬，有時難免會招來老闆或上司的責罵：自己做了錯事、受了汙蔑……甚至老闆心情不好或者他不欣賞你，都可以讓你嘗到被罵的滋味。

不管你挨的罵是哪種原因，你在面對老闆的責罵時，都要注意以下幾點。

讓老闆把話說完

在老闆責備你的時候不要打岔，靜靜的聽他把話說完，尤其要注意自己的動作、表情，不要讓他感覺到你不願意繼續聽下去。正確的做法應該是直視他的目光，身體稍微前傾，表現你在很認真的聽取他的批評，等對方把話說完後再進行解釋，或提出反對意見。

肯定老闆的善意

不管老闆的責罵是否有理，你首先在口頭上要肯定他的善意。你的態度會讓他感到欣慰，從而他的態度也會漸漸緩和下來。就算老闆另有動機，對於你表現出來的禮貌和涵養，會讓他情緒緩和。不要暗示對方，認為他對你的責罵是基於某種企圖，這樣，在你們之間會產生更深的隔閡。因為，即使老闆確實出於某種動機，也有權利對你的某些行為提出異議。

讓老闆把責罵你的理由說清楚

你應積極的促使老闆說出他的理由，這種方法有利於你了解真相，從而找到解決問題的方法。有些老闆在提出批評時，不能做到就事論事，而是用一些含糊其辭的言語，這時讓他把要說的話徹底說完，這樣對方在說話過程

第一章　老闆為什麼會找你的碴

中自然而然會流露出他真實的想法，你也因此能捕捉到事情的緣由。採用認真、低調、冷靜的方法對待老闆的責罵，不會損害你們之間的關係。

不要頂撞

老闆責備你肯定有基於他立場的道理，聰明的員工會利用誠懇、虛心接受批評的機會，表現對老闆的尊重。即使是錯誤的批評，處理得好，壞事也會變成好事，老闆認為「此人虛心，沒脾氣」，可能會把你當作親信；而如果你亂發牢騷，雖然一時痛快，但你和老闆的關係就會惡化，會認為你「渾身是刺」，因此也就得出了另一種結論「這人重用不得」。

至於當面頂撞老闆則更不可取。不僅使老闆很失面子，你也可能下不了臺。如果能在老闆發火的時候給他個面子，大度一點，事後老闆或許會感到不好意思，即使不向你當面道歉，以後也可能會以其他方式給你補償。

不要強調過多理由

受責罵、挨訓斥，不是受到某種正式的處分，所以你大可不必百般申辯。挨罵只是使你在別人心裡的印象有些損害，但如果你處理得好，老闆會產生歉疚之情、感激之情，你不僅會得到補償，甚至會收到更有利的效果，這與你面子上的損失一比，哪頭輕哪頭重，顯然是不言自明的。而你要是反覆糾纏，寸理不讓，非把事情搞個水落石出，老闆會認為你氣量狹窄，斤斤計較，怎能委你以重任呢？

用行動來表達接受批評

老闆責備你時，你一副服服貼貼，誠懇虛心接受的樣子。這固然不錯，但若你把他的責罵的話當成了「耳邊風」，依然我行我素，那就最令老闆生氣了。

其實，老闆也不是隨便出言責備你的，所以你應誠懇的接受批評，要從批評中悟出道理，貫徹到行動當中。

當然，也不應把責備看得太重，覺得自己挨了罵，前途就泡湯了，工作打不起精神，這樣最讓老闆瞧不起。把責備看得太重，以至於當成一種心理負擔，老闆會認為你的心胸與氣度太小，他可能會少找你一些碴、少指責你一些，但他也不會再器重你了。

不要生氣，要爭氣

一個人生氣，大抵是受了自認為是不公平的待遇，挨老闆錯罵，被戀人背叛……凡此種種，皆似乎不是你的錯。人在職場，被老闆小題大作或錯怪了一頓，這樣的情況儘管不多，但也是客觀存在的。如果你的確感到了不公平，請盡量做到不生氣。

有位智者曾說：生氣是拿別人的錯誤來懲罰自己。你為什麼要拿別人的錯誤來懲罰自己，讓自己第二次受到傷害呢？

不過，人非草木，總有七情六欲，遇上老闆莫名其妙的找碴，被找碴者在情緒上多少會有波動。如果你實在控制不住自己的感情，那麼不妨換個角度：變生氣為爭氣。「生氣」與「爭氣」雖然只是一字之差，態度卻是大不相同：生氣是做人的失敗，爭氣是做事的成功。

僅僅只是不生氣，還不是一種積極的態度；化生氣為爭氣，才是最可取的應對之道。再努力一點，做得更優秀一點，等你成為老闆不可或缺的臂膀，他不光會減少錯罵你的次數，甚至正常的責備也許都會斟字酌句。他會不忍心找你的碴，或「不敢」找你的碴。

人人生而平等，為什麼我要被別人瞧不起？要生氣還似乎真的有生氣的理由。但光生氣有什麼用？生氣僅僅是一種情緒化的表現而已，僅僅停

留在口頭或拳頭之上。但爭氣是一種實實在在的行動反擊。爭氣不是說有就有的,要靠努力才可以實現。爭氣值得喝彩,爭氣值得鼓勵,爭氣值得學習。總之,生氣是一種消極的發洩,爭氣是一種積極的作為。

　　同樣一句話,有的人會因為這句話而受到激勵,然後奮發向上,成就一生,這就是爭氣。這樣的例子真是太多了。而有的人卻因為這句話受到刺激,怒髮衝冠,從而壞了正事。人要爭氣,不可以生氣。人有七情六欲,難免會有喜怒哀樂,忍一時海闊天空;人生起伏高低,難免有高潮低潮,爭口氣則時運濟濟。自己要爭一口氣,千萬不要生悶氣!

　　想一想:如果我們自己足夠優秀,老闆還會對你冷眼嘲諷、橫加指責嗎?所以,碰上老闆找碴時,不要過多的去計較誰是誰非,最好的應對辦法就是自己爭氣,去做得更好,在人格上、在知識上、在智慧上、在實力上使自己加倍成長,變得更加強大,使許多問題迎刃而解。這才是一個明智的應對「找碴」之道。

▍假如你是老闆你又會如何

　　如果我是老闆,一定不會要員工加班;如果我是老闆,一定不會開除員工;如果我是老闆,一定不會……說這些話的一定不是老闆,就是將來真正做了老闆也難長久。

　　同一個問題,往往會因為身處的位置不同,看待問題的角度不同而出現千差萬別的答案。凡是幫別人工作過的人都有這樣一種感覺:似乎總有做不完的事,因而認為老闆不近人情;而當有一天角色互換,你也成了老闆時,你卻會認為員工處處不積極主動。

　　成功守則中最偉大的一條定律 —— 待人如己,也就是凡事為他人著想,站在他人的立場上思考。當你是一名員工時,應該多考慮老闆的難

處，給老闆多一些同情和理解；當自己成為一名老闆時，則需要多考慮員工的利益，給員工多一些支持和鼓勵。

這條不僅僅是一種道德法則，它還是一種動力，能推動整個工作環境的改善。當你試著待人如己，多替老闆著想時，你的善意就會無形之中表達出來，從而感動和影響包括你的老闆在內的周圍的每一個人。你將因為這善意而得到應有的回報。任何成功都是有原因的，不管什麼事都能悉心替他人考慮，這就是你成功的原因。

每一位老闆在經營公司的過程中都會碰到很多出乎意料的事情，老闆時刻都面臨著公司內外的各種壓力，而他在壓力大的時候偶爾發洩一下，犯點錯誤，這是正常的。任何人都不可能達到完美，老闆也一樣。明白了這些，我們就應該以一種普通人的眼光來看待老闆，而不要把他們當作雇主，應該同情那些以全部精力打理公司的人，他們往往下班了還在連續工作。

一些人認為，自己在公司處處受氣，是因為老闆鼠目寸光，沒有辨識人才的慧眼，而且還嫉賢妒能。他們認為在自己的老闆手下做事，不僅不能實現自己的價值，還會使自己變成庸才，遠離成功。而事實上，這些人是「以小人之心，度君子之腹」，用自己的個人私心來揣度老闆，從而認為是老闆阻礙了自己進一步發展。

毫無疑問，任何一個老闆僱用員工，絕對不是為了滿足自己「找碴」的「奢好」。他想要找的是能幫助自己的事業起飛的人。他不是為了「找碴」而「找人」。他身上背負著企業興衰的光榮與恥辱重擔，他必須敬業的扮演好「老闆」的角色 —— 在很多時候，他的「敬業」，在員工的眼裡成了「刻薄」與「找碴」。

如果你是老闆，你一定也會「找碴」。或許你不會承認，但你的員工會這麼認為。相信嗎？

第一章 老闆為什麼會找你的碴

如果你做得很出色會怎樣呢

如果你仔細看了本書的前言中的職場案例的話，就會體會到：員工工作出色與否，和老闆對他的態度有極密切的關係。一個工作出色的員工，特別是一個公司不可或缺的員工，老闆會把他「敬若神明」，自然而然的少找他的碴，多捧他的場。道理很簡單：老闆都喜歡欣賞有能力的手下，都不想為難有能力的手下，更不想失去有能力的手下。

想要老闆看重可以理解，想少受些老闆的指責與訓斥可以理解，但你最好是讓老闆覺得你足夠優秀，你是一顆無縫的蛋。一家人才管理顧問公司針對老闆身邊的「紅人」做過一項專題調查，發現「紅人」們大多具有如下基本素質。

· **刻苦的敬業精神**：所有的職場「紅人」都認為他們成功的重要因素是敬業。他們的共識是：如果你只是與別人一樣朝九晚五、按部就班的工作，是不會有成功的一天的。如果你想獲得老闆的看重，就應該花更多的時間與精力在工作上。

· **不斷學習的進取精神**：絕大多數事業有成的職場「紅人」都在填寫問卷中「未來五年你最需要什麼」時，選擇了「培訓」。在當今市場競爭尤為激烈，優勝劣汰更為劇烈的時刻，每個事業有成的職場人士都感到壓力，大家心中都明白不進則退的簡單道理，所以需要不斷學習的進取精神。

· **合理的知識結構**：大部分職場「紅人」都不認為學歷高是其獲得賞識的根本原因。綜合分析來看，主要是因為今天很多人學非所用，而是從工作中邊做邊學。因此，只有努力的升級自己的知識結構以更好的適配本職工作，才能使自己擺脫平庸。

- **優秀的特質**：這種優秀特質表現在許多方面。幾乎所有相當成功的職場人士都有一個共同點，即以比較低的姿態對待自己，能正確認識自己，給自己一個明確的定位，同時還有忍耐力強等特質。
- **良好的人際關係處理能力**：幾乎所有的職場「紅人」在處理人際關係方面都特別有優勢，受調查的人群中有不少是長期從事銷售的地區經理和銷售總監，他們大多能夠洞察個人細微的情緒變化，能妥善處理與每一位員工的關係。

看了以上五點，你不妨對比一下，看自己做得怎樣。我們很難改變老闆找碴的喜好（不找碴能當好老闆嗎？），卻可以改變自己的形象。做得更出色一點，是我們應對老闆找碴的最佳法則。之所以說「最佳」，因為這樣做既利於老闆，也利於自己，是一個典型的雙贏策略。

第一章　老闆為什麼會找你的碴

第二章
你是在為誰工作

第二章　你是在為誰工作

一個簡單的問題：你在為誰工作？

答案也許是五花八門：有人認為自己是為了薪水而工作，有人認為自己為了老闆而工作……不同的答案，反映的是不同的職業價值觀，而不同的職業價值觀支配下的工作面貌大有不同。

當你毫無工作熱情、得過且過時，當你推諉責任、心生怨恨時，不妨自己問一問自己：你在為誰工作？

▌為薪水而工作嗎

你是為什麼而工作呢？是為了換取薪水以養家餬口嗎？

人生活在世界上，當然離不開錢。因此，我們人人都需要工作，儘管工作的內容有所不同。但人工作不能為了薪水，這就像人活著不能為了錢一樣。

一個只是為了薪水而工作的人，在工作面前是被動的、消極的。「給我多少薪水，就做多少事」，「不是自己分內事情一律不做」。表面看來，這些「精明人」沒有吃虧，但長遠來看，他們卻損失「慘重」：他們逃避工作、推卸責任，整天為眼前的薪水傷腦筋，卻忘記了在薪水背後深藏的更為珍貴的東西。工作給予了他鍛鍊、訓練的機會，工作提升了他的能力，工作豐富了他的經驗，所有這一切所蘊涵的是他將來提高薪水和提高職位的根本基礎。

確實，從短期的目標來看，工作固然是為了生計。但這只是前進路上保障你衣食無憂的基本條件，而這種需求是最低階、最容易得到滿足的，人最高層次的目標是實現自我的價值，這也是人的一生竭力追求的終極目標。

其實，無論薪水高低，工作中盡心盡力、積極進取，能使自己得到內心的平安，這往往是事業成功者與失敗者之間的不同之處。工作過分輕鬆隨意的人，無論從事什麼領域的工作都不可能獲得真正的成功。將工作僅僅當作賺錢謀生的手段，這樣的人其實是很短視的。

在活得很現實的人看來，我為公司做事，公司付我一份報酬，等價交換，僅此而已。他們看不到薪資以外的價值，沒有了信心，沒有了熱情，工作時總是採取一種應付的態度，寧願少說一句話，少寫一頁報告，少走一段路，少做一個小時的工作……他們只想對得起自己目前的薪水，從未想過是否對得起自己將來的薪水，甚至是將來的前途。

某公司有一位員工，在公司已經工作了 10 年，薪水卻不見漲。有一天，他終於忍不住內心的不平，當面向老闆訴苦。老闆說：「你雖然在公司待了 10 年，但你的工作經驗卻不到 1 年，能力也只是新手的水準。」

也許，這個老闆對這名員工的判斷有失準確和公正，但我相信，在當今這個日益開放的年代，這名員工能夠忍受 10 年的低薪和持續的內心鬱悶而沒有跳槽到其他公司，足以說明他的能力的確沒有得到更多公司的認可，或者換句話說，他的現任老闆對他的評價基本上是客觀的。

這就是只為薪水而工作的結果！

大多數人因為不滿足於自己目前的薪水，而將比薪水更重要的東西也丟棄了，到頭來連本應得到的薪水都沒有得到。這就是只為薪水而工作的可悲之處。

不要擔心自己的努力會被忽視，應該相信大多數的老闆是有判斷力和明智的。為了最大限度的實現公司的利益，他們會盡力按照工作業績和努力程度來晉升積極進取的員工，那些在工作中能盡職盡責、堅持不懈的人，終會有獲得晉升的一天，薪水自然會隨之高漲。

# 第二章　你是在為誰工作

　　能力比金錢重要萬倍，因為它不會遺失也不會被偷。許多成功人士的一生跌宕起伏，有攀上頂峰的興奮，也有墜落谷底的失意，但最終能重返事業的巔峰，俯瞰人生。原因何在？是因為有一種東西永遠伴隨著他們，那就是能力。他們所擁有的能力，無論是創造能力、決策能力還是敏銳的洞察力，絕非一開始就擁有，也不是一蹴而就，而是在長期工作中累積和學習得到的。

　　你的老闆可以控制你的薪資，可是他卻無法遮住你的眼睛，摀上你的耳朵，阻止你去思考、去學習。換句話說，他無法阻止你為將來所做的努力，也無法剝奪你因此而得到的回報。

　　許多員工總是在為自己的懶惰和無知尋找理由。有的說老闆對他們的能力和成果視而不見，有的會說老闆太吝嗇，付出再多也得不到相應的回報……

　　一個人如果總是為自己到底能拿多少薪水而大傷腦筋的話，他又怎麼能看到薪水背後的成長機會呢？他又怎麼能體會到從工作中獲得的技能和經驗，對自己的未來將會產生多大的影響呢？

▌為老闆而工作嗎

　　曾在報紙上看到一位企業家的感慨，說現在的年輕人敬業精神不如以往，工作漫不經心，犯了錯也說不得，要求多了便一走了之……

　　我們常常看到，不少年輕人只有才華，沒有責任心。老闆一轉身就懈怠下來，沒有監督就沒有工作。工作推諉塞責，畫地自限，不自我省思，而以種種藉口來遮掩自己缺乏責任心。懶散、消極、懷疑、抱怨……種種職業病如同瘟疫一樣在企業、政府機關、學校中流行，無論付出多麼大的努力都揮之不去。

「我不過是在幫老闆打工而已」—— 這種想法有很強的代表性，在許多人看來，工作只是一種簡單的僱傭關係，做多做少、做好做壞對自己意義不大。這種想法是完全錯誤的。

實際上，無論你在生活中處於什麼樣的位置，無論你從事什麼樣的職業，你都不該把自己當成一個小角色。生活中那些成功的人從不這樣想，他們往往把整個企業當作自己的事業。一旦你有了這樣的想法，在工作中你就能比別人得到更多的樂趣和收益。你會早來晚走，加班工作，生產出的產品比別人更優秀。此時，身邊人，尤其是你的老闆，會將你做的看在眼裡，把你和別人區別對待。當提高薪資和晉升的機會來臨時，老闆首先考慮的肯定是你。

優秀的員工是不會有「我不過是在幫老闆工作」這種想法的，他們把工作看成一個實現抱負的平臺，他們已經把自己的工作和公司的發展融為一體了。從某種意義上說，他們和老闆的關係更像是同一個戰壕裡的戰友，而不僅僅是一種上下級的關係。對於優秀的員工來說，無論他們從事什麼樣的工作，他們已經是公司的老闆了，在他們的眼中，他們是在為自己工作。

英特爾總裁安迪‧葛洛夫（Andrew Stephen Grove）應邀對加州大學的柏克萊分校畢業生發表演講的時候，曾提出這樣的建議：「不管你在哪裡工作，都別把自己當成員工，應該把公司當作自己開的。事業生涯除你自己之外，全天下沒有人可以掌控，這是你自己的事業。你每天都必須和好幾百萬人競爭，不斷提升自己的價值，增進自己的競爭優勢以及學習新知識和適應環境，並且從轉換工作以及產業當中虛心求教，學得新的事物，這樣你才能夠更上一層樓以及掌握新的技巧，才不會成為失業統計資料裡頭的一分子。」

 第二章　你是在為誰工作

我們欽佩的是那些不論老闆是否在辦公室都會努力工作的人，敬佩那些盡心盡力完成自己工作的人。這種人永遠不會被解僱。在每個城市、村莊、鄉鎮，以及每個辦公室、商店、工廠，都會受到歡迎。如果你想成功，必須成為這樣的人。

▎你在為你自己工作

是的，我們是在為自己工作。不是因為薪水，也不是因為老闆「要我做」，而是「我要做」。人生因工作而美麗，因工作而朝氣蓬勃，因工作而有意義，因工作而無怨無悔。我們的成就感與幸福感，很大程度上都來自於工作。

施瓦布（Charles Schwab）出生在美國鄉村，只受過短暫的學校教育。18 歲那年，一貧如洗的施瓦布來到鋼鐵大王卡內基（Andrew Carnegie）所屬的一個建築工地打工。一踏進建築工地，施瓦布就表現出了高度的自我規劃和自我管理的能力。當其他人都在抱怨工作辛苦、薪水低並因此而怠工的時候，施瓦布卻一絲不苟的工作著，並且為著以後的發展而開始自學建築知識。

在一次工作間的空閒時間裡，同伴們都在閒聊，唯獨施瓦布安靜的看著書。那天恰巧公司經理到工地檢查工作，經理看了看施瓦布手中的書，又翻了翻他的筆記本，什麼也沒說就走了。第二天，公司經理把施瓦布叫到辦公室，問：「你學那些東西做什麼？」施瓦布說：「我想，我們公司並不缺少建築工人，缺少的是既有工作經驗、又有專業知識的技術人員或管理者，對嗎？」經理點了點頭。不久，施瓦布就被升任為現場施工員。同事中有些人諷刺挖苦施瓦布，施瓦布回答說：「我不光是在為老闆工作，更不單純是為了賺錢，我是在為自己的夢想工作，為自己的遠大前途

工作。我們只能在認認真真的工作中不斷提升自己。我要使自己工作所產生的價值，遠遠超過所得的薪水，只有這樣我才能得到重用，才能獲得發展的機會。」抱著這樣的信念，施瓦布一步步升到了總工程師的職位上。25 歲那年，施瓦布做了這家建築公司的總經理。後來，施瓦布開始了創業，建立了自己的企業 —— 伯利恆鋼鐵公司。這家公司後來成為全美排名第三的大型鋼鐵公司。

像施瓦布這種為自己工作的人，不需要別人督促，他們自己監督自己；他們不會懶惰，不會抱怨，不會消極，不會懷疑，不會馬馬虎虎，不會推諉塞責，不會投機取巧……他們不僅在工作中鍛鍊與提高了自己的能力，還累積與建立了自己良好的信譽。這些東西是你最寶貴的資產，是你美好前途不可或缺的基石。

從現在開始，自動自發的工作，不為任何人，只為自己。一旦你這樣做，你將會看到：機會更垂青於自己。

▎不要在工作上被人看輕

一個員工，如果在工作上被人（特別是老闆）所看輕，那麼他的職業生涯將黯淡無比。我們所說的「看輕」，並非指工作不重要，而是指工作不敬業。對於工作不敬業的員工，工作敬業的同事打從心裡不會尊重他、認可他，他的上司或老闆也不會給他發展的機會。

而且，身處資訊時代的今天，一個人工作是否敬業的評語更容易傳播。例如有人從甲單位辭職之後，再到乙公司求職。乙公司在錄用前能夠透過多種資訊管道來了解該人在甲單位的工作表現。如果乙公司得到的是負面的評語，那麼結果不言而喻。

 第二章 你是在為誰工作

你如果不敬業，就算人們不四處散播對你的評語，對你也沒有好處，因為你無法從工作中吸取更多的經驗，而不敬業如果形成習慣，你一輩子就別想出人頭地了！

在工作上被人看輕的人主要有幾種類型，下面一一分述。

- **混日子型**：這種人不把工作當一回事，不但不積極表現，連犯錯也不在乎；「反正混一口飯吃」是他的中心思想；「此處不留爺，自有留爺處」則是他的應變態度。這種人讓人看不慣，可是他每天準時上下班，對人又客氣得要命，讓你抓不到他的小辮子。這種人好像過得很舒服，其實人家早在心底把他看輕。

- **看輕職位型**：這種人常說「這工作有什麼了不起？」或是「這職位有什麼了不起？」一副懷才不遇的樣子。他看輕他的工作、他的職位；那麼離開算了，何必沒事嚷嚷？可是他又不走。他的舉動就刺激了其他兢兢業業工作的同事，於是他們就看輕他了。

- **遲到早退型**：每個人都免不了有遲到早退現象，可是若時常如此，並且自己還不在乎，那就容易成為非議的目標了。同事們會覺得這不公平，可是他們不習慣也不願和你一樣遲到早退，同時也沒「資格」說你。在拿你沒辦法的情況下，就看輕你了。也許你有特殊的個人原因，可是別人是不管這些的。

- **混水摸魚型**：這種人機靈狡猾，看起來很認真工作，其實那是在做樣子，他永遠不願承擔責任，但永遠有好處可拿；雖然能言善道，人緣不錯，但實際上別人早在心裡把他看輕。

▎為自己拚出幾枚勳章

軍人，尤其是將軍，在穿上正式的禮服時，都會在胸前佩戴各式各樣大大小小的勳章，讓人看得眼花繚亂。當他們在重要的場合穿上掛滿勳章的禮服時，非常壯觀，也令人羨慕。

他們為什麼要佩戴勳章？說好聽一點是禮貌，說實在一點是享受榮耀。只有立功才有勳章可得，立功越多，勳章也就越多，立功越大，勳章的等級也就越高。所以光看胸前的勳章，你就可以知道這個人的身分和地位，而這個人自然會受到他人的尊敬和禮遇。

我們不是軍人、警官，但照樣可以拿「勳章」，為自己建立地位與身分，讓別人識別自己，尊敬自己，禮遇自己！

這裡所謂的「勳章」是指工作上的成就或貢獻，雖然這不能像勳章那樣掛在胸前炫耀，讓所有的人都看得到，但在同行、同事之間，你的成就或貢獻他們都知道，因此也帶有「勳章」的意義。

作為一個軍人，為國家流血流汗是他的本分與天職，因此只有戰功赫赫才夠資格得到勳章。同理，你把例行工作做好不稀奇，因為這本來就是你該做的。必須有特殊的表現，也就是做出別人做不到、不敢做，或還沒做，但被你搶先一步做，對整體有貢獻的事，這才夠資格拿「勳章」。這些事一般來說有下列數種：

- **比別人高的業績**：如果你是業務人員，你那讓其他人「可望而不可即」的業績就是「勳章」。
- **解決重大的問題**：無論是老問題或新問題，行政問題或財務問題，如果你能解決別人不能解決的問題，你的功勞就是「勳章」。

 第二章　你是在為誰工作

- **賺大錢的發明或設計**：如果你是公司的研發、設計部門的人員，你研發出來的產品讓公司賺大錢，那麼你的成績就是「勳章」！
- **增加所屬公司的榮譽**：例如你的貢獻得到政府或民間單位的獎項，你的公司因你而增光，那麼你的得獎就是你的「勳章」！
……

　　如果你能得到上述的「勳章」，那麼你在你的行業裡自然會有一定的地位，別人絕對不敢看輕你，連老闆也要敬你三分，甚至也可容忍、原諒你在其他方面表現的瑕疵。當然，若因得了「勳章」就得意忘形，目中無人，那就不好了，就算你是得勳章的能手，這一點也是必須要注意的。

　　那麼，該如何去得「勳章」呢？

　　軍人要立功拿勳章需要勇氣、決心、智慧和機遇，當然也可能有「糊塗小兵立大功」的情形，但這樣的事情不會太多。同樣，在工作上要拿「勳章」也需要勇氣、決心和智慧，其中尤其勇氣和決心最重要。也就是說，如果你有心去做，並輔以你的智慧，那麼就有可能有一番成就。當然這個過程可能會充滿挫折，好比立功的士兵往往都傷痕纍纍那般，但只要熬得過，經得起，經驗、見識就會一天天豐富，自然也就造就了拿「勳章」的條件和機會。

　　在這裡，筆者還要強調一點，拿了「勳章」，不只在你的公司裡你會得到尊敬，還可能在公司外的同行之間為人所知，成為你的象徵和形象，這是你日後發展時很好用的本錢；而且，這「勳章」會跟你很長一段時間。但是要注意，時間久了，人們會漸漸忘記你的「勳章」，所以一次又一次的創造功績，配上一枚又一枚的勳章也就成為你的挑戰了。

第三章
態度決定高度

作為員工，你是否認為每天只要準時上下班、不遲到早退，就是圓滿完成工作了，就可以心安理得的去領薪水了。

我們身邊常常有這一類人，他們每天在茫然中上班、下班，到了固定的日子領回自己的薪水，高興一番或者抱怨一番之後，仍然茫然的去上班、下班……他們從不思索關於工作的問題：什麼是工作？工作是為什麼？可以想像，這樣的人，他們只是被動的應付工作，為了工作而工作，他們不可能在工作中投入自己全部的熱情和智慧。他們只是在機械的完成任務，而不是去創造性的、自動自發的工作。

一位哲人說：「人生所有的能力都必須排在態度之後。」的確，在態度內在力量的驅動下，我們常常會產生一種使命感和自驅力，而這種感覺的產生所帶來的收穫遠遠超出我們最美好的構想。態度可以改變人的一生，態度是人成功的底線，態度承載能力，態度為能力導航。

▍把職業當成事業

職業與事業只有一字之差，含義卻大不相同。職業可能是一時的，事業卻是終生的；職業常常來自於外界壓力，事業卻是源於內心的熱情；職業可能很辛苦，事業一定很快樂。

一個把職業當成事業來做的人，即使是從事一份短期的工作，也會投入自己全部的智慧與精力，因為他會把這份短期的工作當成自己事業生涯中的一個臺階。如果你從事業的眼光看待職業工作的話，也會少一些怨言和頹廢，多一些積極和努力，多一些合作和忍耐，從而不斷拓寬自己的視野，多領悟一些道理，多掌握一些本領和技能。

身處職場的人可能會因為前途堪憂、競爭激烈、待遇不公、工作不順

等現象而生出諸多的怨言和憤怒，也正是這些怨言和憤怒使得我們的職業生涯出現了許多的障礙，遭遇了許多的困難和挫折，使得我們一次次從頭再來，一次次又失敗而去，總是在低層次徘徊，長時間得不到突破和晉級。究其原因，是對待職業的態度造成的。

如果我們能夠從事業的眼光出發，來看待職業工作的話，我們就會少了一些怨言和憤怒，多了一些積極和努力，多了一些合作和忍耐，在一次次的超越過程中，我們不斷拓寬自己的視野，更能從中領悟一些道理，多一些本領和技能。再求職或者走出組織建立自己的事業的時候，就不會因為學識淺薄、技能單一而害怕和退卻，而是會堅定的一往無前，擁有戰無不勝的勇氣和面對困難和挫折時的冷靜。

有朋友曾問我：「為什麼我的工作不快樂？」我說，因為你的職業並不是你的事業。人願意為自己的事業拋頭顱、灑熱血，即使痛苦也快樂。如果我們把職業看作是我們要用生命去做的事，工作便是生命的一部分、事業的一部分。我們便會為職業義無反顧，沒有推諉，沒有怨言，盡最大努力把它做得最好。

職業做好了，事業才有了成功的基礎，職業生涯帶給我們的經驗與體驗一定能夠幫助我們在未來的事業上獲得成功。所以我們在從事自己的職業的同時，別忘了為自己確立明確的事業目標，別忘了自己所有的職業努力都是為了以後能有一份自己的事業，能夠更好的做好自己的事業！

有一句話說得好：「今天的成就是昨天的累積，明天的成功則有賴於今天的努力。」把工作和自己的職業生涯連結起來，以事業的眼光和態度做好職業，職業的發展和進步幫助自己獲得事業的成功，這似乎成為了一個互相關聯的關係，首先打造好了關係的前段 —— 職業的生涯，後面的關係才會更加牢固 —— 事業或者夢想。

第三章　態度決定高度

▌讓工作成為興趣

　　讓興趣成為工作，是許多人的夢想。之所以說是「夢想」，是因為他們沒有實現願望。沒有把興趣變成工作的人，占了職場人士中的絕大部分。在這絕大部分人士中，只有少部分能夠調整自己的心態，培養自己對於工作的興趣並喜歡上了自己的工作。

　　興趣其實是可以慢慢培養的。彼得年輕的時候是一個看管旋釘子機器的工人。每天從早到晚所接觸的，都是釘子，真是枯燥極了。他天天在釘子堆裡打滾。他想世界之大，為什麼要把一生都消磨在釘子堆裡呢？何況這無情的工作永無出頭的一日：做出一批製品，第二批製品便又接踵而至。

　　彼得滿腹牢騷，不斷從嘴裡吐出怨言。在他身旁工作的另一位工人聽了，認為他的話正好說出了自己的心思，不知不覺的也嘀咕起來……

　　彼得後來想：難道沒有辦法把工作改成有趣的遊戲嗎？於是他開始研究怎樣改進工作和增加工作樂趣。

　　他對同事說：「你專門做旋釘機上磨釘子的工作，把釘子外面一層粗糙磨光，我專門做旋釘子的工作，誰做得最快，誰就是勝利者。」

　　他的提議立即被對方毫無異議的接受。他們開始競爭，結果工作效率竟增加一倍，大受老闆誇獎，不久他們便升遷了。

　　彼得後來升為休士頓機器製造廠的廠長，因為他懂得對待工作，與其勉強忍耐，不如用遊戲的態度去做。他說：「若你被工作壓迫得走投無路，提不起興趣而又毫無改變辦法，那你還是趁早改行，不然你將永無出頭的日子。」鋼鐵大王卡內基之所以能在事業上獲得極大的成就，也是由於他懂得生活趣味化和工作趣味化的方法。卡內基小的時候就開始自力

更生，從那時起就學會享受生活的快樂。他的所有成就，都不是「苦幹」的結果，而是快樂的做出來的。

是的，一個人若一開始工作就覺得是在受罪，那麼他所做的成績絕不會出色。在他的面前只是一片無邊無際的荊棘。相反，若他一開始就抱著極大的希望，憧憬著美好的前途，而盡其最大的努力去工作，即使眼前是一片荊棘，也會立刻消失得無影無蹤，展現出一條平坦光明的大道。

卡內基說：「如果一個人不能從工作中找出樂趣，那不是工作本身枯燥的緣故，而是他自己不懂得工作的藝術。」這真是一句至理名言。

如何培養對工作的興趣呢？我可以教你一個你喜歡工作的方法，那就是「假裝」自己對這個工作十分有興趣，當你這麼做時，你的老闆，你的同事甚至你自己都會喜歡這時的你。久而久之，你就會有意想不到的收穫。

有一個叫王潔的職員，主要的工作是起草各類商業文書。她一開始對於這項十分枯燥的工作提不起任何興趣，工作也因此錯誤頻出。後來她發現，假裝對工作很有興趣，居然能夠讓自己真的產生興趣。她先前不喜歡她的工作，可是現在不會了。王潔說：「有一天，公司的副理堅持要我把一份商業計畫書重新再做一遍，這使我非常生氣。我告訴他，這份計畫書只要改一改就行了，沒有必要重新再寫一遍。但他對我說，如果我不重做的話，他就會去找願意重做的人來重做。我突然意識到有許多人都會跳起來把握住這個機會，來做我現在正在做的這件事情。再說，人家付我薪水也正是要我做這份工作，我就開始覺得好過多了。接著我有了這一個非常重大的發現，倘若我假裝很喜歡我的工作的話，那麼我就真的能喜歡到某一種程度，我也逐漸發現當我喜歡我的工作的時候，我工作的速度就能快得多。所以我現在很少去加班了。這種新的工作態度，使大家都覺得我是

一個非常優秀的職員。後來有一位主管需要一位私人祕書的時候，他就推薦我去擔任那個職務。因為他說，我很喜歡做一些額外的工作而不抱怨。這件事情證明了心理狀態轉變所能產生的力量。」

王潔是無意中用了一位心理學教授的「假裝」哲學，教授教我們要「假裝」很快樂。如果你「假裝」對你的工作很感興趣，這一點點的假裝就會使你的興趣變假成真，也可以減少你的疲勞，你的緊張，你的心煩。

一位名聲顯赫的新聞分析家，他22歲那年來到巴黎，在巴黎版的紐約先驅報刊登了一個求職廣告，找到一份推銷立體觀測鏡的工作。他開始逐家逐戶的在巴黎推銷這種觀測鏡，但他並不會講法語，可是第一年他就賺到5,000美金的佣金，而且使他自己成為那一年全法國收入最高的推銷員。

他不會法語，又怎麼能成為一個推銷專家呢？他先讓老闆用非常純正的法語，把他需要說的那些話寫下，然後再背下來。他很坦白的承認這個工作非常的難做。他之所以能撐過去，只靠著一個信念：就是他決心使這個工作變得很有趣。每天早上出門之前，他都站在鏡子前面，向他自己說：「如果你要吃飯，就一定得做這件事。既然你非做不可，為什麼不做得痛快一點呢？」

只要你的態度正確，就能使任何工作不那麼討厭。如果你對自己的工作很有興趣的話，就可以使你在生活中得到更多的快樂，因為你每天清醒的時間裡，有一半以上要花在你的工作上。要經常提醒你自己，對自己的工作感興趣，就能使你變得快樂，而最後可能會為你帶來升遷和加薪。即使事情沒有這樣好，至少也可以把你的疲勞減低到最低程度，讓你能夠充分享受你的閒暇時間。

現在開始停止抱怨

如果你喜歡抱怨，那麼這個世界提供給你抱怨的理由真是太多了。為什麼升遷的不是我？為什麼老是叫我加班？為什麼我的薪水比他低？為什麼……？

很多人覺得職場壓力大，競爭太激烈，一邊埋頭工作，一邊對工作不滿意；一邊完成任務，一邊愁眉苦臉。抱怨變成了最方便的出氣方式。但抱怨很多時候不但不解決問題，還會使問題惡化。如果抱怨成了一種習慣，不但人見人厭，自己也整天不耐煩。更讓人總覺得你活得被動，而上司認為你是干擾工作、愛發牢騷的人。同事認為你難相處，上司認為你是「麻煩人物」。結果升遷、加薪的機會被別人得去了，你只有「天真」的牢騷。

我常聽到許多年輕人如果是應徵，沒有被錄用，他就會把那個公司說得一文不值，甚至常常怨天尤人、憤憤不平，卻很少從自己身上找原因。其實，如果換個角度來看自己，也許就能找出問題的原因，其結果也可能大相逕庭。

李敏是大學高材生。她去一家公司應徵資訊員職位，她一路過關斬將，最後只剩老闆面試了。應該說李敏當時是很有把握的，但沒料到的是，那位老闆和李敏交談了幾句，看了看她的履歷後，說：「對不起，我們不能錄用妳。試想想，連自己的履歷都保管不好的人，我們怎能放心把公司的工作交給妳呢？」是李敏那留有水漬，並溼得皺巴巴的履歷引起了老闆的反感。

原來，早上臨出發前，李敏走得急，一不小心碰翻了茶杯，濺溼了履歷，再重做一份已經來不及了。誰知問題就出在這裡。這能怪誰呢？回

第三章　態度決定高度

家後，李敏沒有任何的抱怨，沒有埋怨老闆的小題大作，她只是非常認真的用鋼筆抄寫了一份履歷，並向那家公司的老闆寫了一封信，其中寫道：「貴公司是我心儀已久的單位。您對我的近乎苛刻的要求，正反映了貴公司在管理上的認真與嚴謹，精益求精，這也是貴公司興旺發達希望之所在。我一定銘記您的教誨，在今後的工作中盡心盡責，一絲不苟，為了對我的疏忽進行懲罰！」李敏發自肺腑的話語，詳略得當的履歷，以及她那娟秀清麗的筆跡，使老闆眼睛一亮。最終，那家公司錄用了她。

有一些人工作的時候敷衍了事，做一天和尚撞一天鐘，從來不願多做一點，但在玩樂的時候卻是興致高昂，得意的時候春風滿面，領薪水的時候爭先恐後。他們似乎不懂得工作應是付出努力，總想避開工作中棘手麻煩的事，希望輕輕鬆鬆的拿到自己的薪水，享受工作的益處和快樂。

誠然，工作可以為我們帶來金錢，可以讓我們擁有一種在別處得不到的成就感。但有一點不應該忘記，豐厚的物質報酬和極大的成就感是與付出辛勞的多少、戰勝困難的大小成正比的。

不可否認，人都有趨利避害、拈輕怕重的本能。若接到搬鋼琴的任務，多數人會自告奮勇的去拿輕巧的琴凳。但我們是在工作，不是在玩樂！既然你選擇了這個職業，選擇了這個職位，就必須接受它的全部，而不是只享受它帶給你的益處和快樂。就算是屈辱和責罵，那也是這個工作的一部分。如果說一個清潔工人不能忍受垃圾的氣味，他能成為一名合格的清潔工人嗎？如果說一個推銷員不能忍受客戶的冷言冷語和臉色，他能創下優秀的銷售業績嗎？

每一種工作都有它的辛勞之處。體力勞動者，會因為工作環境不佳而感到勞累；在窗明几淨的辦公室裡工作的中階管理者，會因為忙於協調各種矛盾而身心疲憊；居於高位的領導者，背負著公司內部管理和企業整體

營運的壓力。你無法想像一個總經理說：「我只想簽幾個字就領高薪，至於公司的年度利潤指標，這需要承擔太多的壓力，我受不了。」

只想享受工作的益處和快樂的人，是一種不負責任的人。他們在喋喋不休的抱怨中，在不情不願的應付中完成工作，必然享受不到工作的快樂，更無法得到升遷加薪的快樂。

奎爾是一家汽車修理廠的修理工人，從進廠的第一天起，他就開始發牢騷，什麼「修理這工作太髒了，瞧瞧我身上弄成這樣」，什麼「真累呀，我簡直討厭死這份工作了」……每天，奎爾都在抱怨和不滿的情緒中度過。他認為自己在受煎熬，像奴隸一樣賣苦力。因此，奎爾每時每刻都窺視著主管的眼神與行動，一有機會，他便偷懶，隨便應付手中的工作。

轉眼幾年過去了，當時與奎爾一同進廠的三名員工，各自憑著精湛的手藝，有的另謀高就，有的被公司送進大學進修，獨有奎爾，仍舊在抱怨聲中做他的修理工作。

那些在求職時念念不忘高位、高薪，工作時卻不能接受工作所帶來的辛勞、枯燥的人；那些在工作中推三阻四，尋找藉口為自己開脫的人；那些不能不辭辛勞滿足顧客要求，不想盡力超出客戶預期提供服務的人；那些失去熱情，任務完成得十分糟糕，總有一堆理由拋給上司的人；那些總是挑三撿四，對自己的工作環境、工作任務這不滿意那不滿意的人，都需要一聲棒喝：記住，這是你的工作！

記住，這是你的工作！不要忘記工作賦予你的榮譽，不要忘記你的責任，更不要忘記你的使命。坦然的接受工作的一切，除了益處和快樂，還有艱辛和忍耐。

 第三章　態度決定高度

▎心懷感恩之心

　　感恩在不久前成為媒體熱烈討論的一個話題。說實在的，近幾十年來，不少人早已淡忘了「感恩」二字。物欲熾熱、人心浮躁，大家都喜歡伸出雙手說：「給我，給我！」卻不願說：「拿去，拿去！」要了還想要、總是不滿足的人，怎麼知道感恩呢？

　　記得一位成功學家曾說過這樣的一句話：「人要獲得成功，第一步就是先要存有一顆感恩的心、感激之心。」是的，會感恩的人才會贏得別人尊重、愛護與幫助。一個人也只有學會感恩，才算是學會了做人。否則，一個人要是不知好歹，甚至把別人的好心當作驢肝肺，你怎麼指望他會以愛心、以負責任的態度去面對父母、家庭、同學、同事、朋友、公司和社會呢？

　　人們有時會為一個陌路人的點滴幫助而感激不盡，卻無視朝夕相處的老闆的種種恩惠和工作中的種種機遇。這種心態總是導致他們輕視工作，並把朋友、同事對自己的幫助視為理所當然，還時常牢騷滿腹、抱怨不止，也就更談不上恪守職責了。

　　每一份工作或每一個工作環境都無法盡善盡美，但每一份工作中都有許多寶貴的經驗和資源，如失敗的沮喪、自我成長的喜悅、溫馨的工作夥伴、值得感謝的客戶等，這些都是成功者必須體驗的感受和必須具備的財富。如果你能每天懷著感恩的心情去工作，在工作中始終牢記「擁有一份工作，就要懂得感恩」的道理，你一定會收穫很多。

　　一種感恩的心態可以改變一個人的一生。當我們清楚的意識到無任何權利要求別人時，就會對周圍的點滴關懷或任何工作機遇都懷有強烈的感恩之情。因為要竭力回報這個美好的世界，我們會竭力做好手中的工作，努力與周圍的人快樂相處。結果，我們不僅心情會更加愉快，獲得的幫助

也會更多,工作會更出色。

　　現在越來越多的員工,常常滿腹牢騷,抱怨這個不對,那個不好。在他們眼裡只有自我,恩義如雜草,他們貧乏的內心不知道什麼是回報。工作上的不如意,似乎是教育制度的弊端造成的;把老闆和上司的種種言行視之為壓榨。正是那種純粹的商業交換的思維,造成了許多公司老闆和員工之間的矛盾和緊張關係。

　　但是,沒有老闆也就不會有你的工作機會,從這個意義上來說,老闆是有恩於你的。那麼,為什麼不告訴老闆,感謝他給你機會呢?感謝他的提拔,感謝他的努力。為什麼不感激你的同事呢?感激他們對你的理解和支持,還有平時你從他們身上學到的知識。如果是這樣,你的老闆也會受到這樣一種高尚純潔的禮節和品質的感激,他會以具體的方式來表達他的感激,也許是更多的薪水,更多的信任和更多的服務。你的同事也會更加樂於和你友好相處。

　　把感恩的話說出來,並且經常說出來,有一個最大的好處,就是可以增強公司的凝聚力。看看那些訓練有素的推銷員,遭到拒絕後,他們仍然感謝顧客耐心的聆聽自己的解說,這樣他就有了下一次惠顧的機會!即使老闆責備了你,也應該感謝他給予的種種教誨。

　　真正的感恩應該是真誠的、發自內心的感激,而不是為了某種目的,迎合他人而表現出的虛情假意。與拍馬屁不同,感恩是自然的情感流露,是不求回報的。時常懷有感恩的心情,你會變得更謙和、可敬且高尚。每天都用幾分鐘時間,為自己能有幸擁有眼前的這份工作而感恩,為自己能進這樣一家公司而感恩。

　　對工作心懷感激並不僅僅有利於公司和老闆。「感激能帶來更多值得感激的事情」這是宇宙中的一條永恆的法則。請相信,努力工作一定會

第三章　態度決定高度

帶來更多更好的工作機會和成功機會。除此之外，對於個人來說，感恩賦予我們富裕的人生。感恩是一種深刻的感受，能夠增強個人的魅力，開啟神奇的力量之門，發掘出無窮的智慧。感恩也像其他受人歡迎的特質一樣，是一種習慣和態度。

失去感激之情，人們會馬上陷入一種糟糕的境地，對許多客觀存在的現象日益挑剔甚至不滿。如果你的頭腦被那些令你不滿的現象所占據，你就會失去平和、寧靜的心態，並開始習慣於注意並指責那些瑣碎、消極、猥瑣、骯髒甚至卑鄙的事情。放任自己的心思關注陰暗的事情，你自己也將變得陰暗，並且，從心理上，你會感覺陰暗的事情越來越多的圍繞在你身邊，讓你難以擺脫。相反，把你的注意力全部集中在光明的事情上，你將會變成一個積極向上的人，一個大有作為的人。

那些牢騷滿腹的年輕人，應該將目光從別人的身上轉移到自己手中的工作上，心懷對工作的感激之情，多花一些時間，想想自己還有哪些需要改進的地方，看看自己的工作是否已經做得很完美了。如果你每天能懷著一顆感恩的心而不是抱怨的心態去工作，相信工作時的心情自然是愉快而積極的，工作的結果也將大不相同。

感恩不僅是一種工作態度，也應該成為我們的生活態度。生活在給予我們挫折的同時，也給予了我們堅強。酸甜苦辣不會都是你人生的追求，但一定是你人生的全部。試著用一顆感恩的心來體會，你會發現不一樣的人生。不要因為冬天的寒冷而失去對春天的希望。我們感謝上蒼，是因為有了四季的輪迴。擁有了一顆感恩的心，你就沒有了埋怨，沒有了嫉妒，沒有了憤憤不平，你也就有了一顆從容淡然的心！

讓我們常懷感恩之心，學做成功之人，就從點點滴滴的小事情做起吧！

理性面對壓力

工作就有壓力，除非你沒有用心工作。適當的壓力容易使人煥發出鬥志，但是面對較大的壓力和困難時，能夠堅持不懈的努力工作的人卻並不多。有不少人就是因為工作壓力大、困難多而喪失信心，從而放棄自己的目標和努力，也放棄了自己的未來。

公司要求高，客戶挑剔多，工作難度大，手裡資源少等等，一系列的壓力和困難容易使人產生畏縮情緒，一些員工在這一系列的壓力和困難面前會逐漸喪失自信、熱情和鬥志，把自己定位成「為了生存而奔波的工作者」、「為求溫飽而被虐待的人」，對企業、客戶、老闆、工作機會沒有感激和珍惜，有的只是不滿和怨恨。他們的心思都用在尋找藉口、逃避困難、推卸責任上了，敬業的熱情蕩然無存。

在工作的壓力和困難面前選擇退縮，在挫折和打擊面前選擇逃避，這樣的選擇對你有什麼好處呢？退縮和逃避能為你帶來輕鬆和快樂嗎？你能在退縮和逃避後找到不用拚搏就能得到的成功嗎？也許你只是不想太累了，讓自己能輕鬆一點，不想受太多的氣、遭太多的罪，也希望這個世界對自己不要太刻薄，希望自己能更順利一點。你的願望沒有錯，你的要求也不過分。但是，請你清醒一點，看清楚我們的現實，放棄自己不切實際的幻想。

請看清楚，我們所處的時代，是一個高度競爭化的時代，是一個「只有偏執狂才能成功」的時代。在這個時代裡，幾乎每個行業都不容易做，幾乎每個企業都有很大的生存壓力。在這個時代裡，你重視的每個客戶都有很多企業圍著他轉，你看重的每個業務項目都有很多企業參與爭奪，每個客戶都重視自己的利益，都想花最少的代價得到最大的利益等

 第三章　態度決定高度

等。想輕輕鬆鬆的賺錢？恐怕沒有這樣的好事了，除非你真的遇到特別好的機會。對我們絕大多數人而言，轉行也好，跳槽也好，都無濟於事，都無法擺脫工作壓力和困難，因為這是我們這個社會的整體狀況。無論是 IT 業還是家電業，無論是旅遊業還是保險業，無論是零售業還是房地產業，哪裡都一樣，都是那麼熱門，又都是那麼艱難。對企業員工來說，要想真正有效的化解掉工作中的壓力和困難，你所能做的就是為你的工作投入更多的熱情。具體一點，就是堅強的去承受這些壓力、承擔自己的責任，不要輕言後退，更不要放棄；更用心的去學習進步，更快、更好的提高自己的職業素養和技能，努力把工作中的每件小事都做足風采。只有這樣，那些壓力和困難才會被你征服，而不是你被它們征服。

當你遭遇老闆的批評和指責的時候，當你遭遇客戶的刁難和拋棄的時候，當你被要求做你很難做到的事的時候，當你被要求去承擔不該你承擔的責任的時候，當你對公司的合理要求被拒絕的時候，當你感到喘不過氣來的時候，當你感到直不起腰來的時候，不要退縮，不要逃避，不要趴下，不要鬱悶，不要憤怒。因為那樣對你沒什麼好處，也解決不了你面臨的問題。請你記住那個相貌不佳、生活中遭遇了很多磨難、在國家最困難的時候擔任起拯救國家的重任的美國總統林肯所說的那句話：「別人所能負的責任，我必能負；別人所不能負的責任，我也能負。」這樣，才能磨練自己。整體來看，你面臨的壓力和困難應該不會比林肯的大，你的生存環境也不會比林肯的差，你遭遇的挫折和打擊也不會比林肯遭遇的更多。那麼，他能在那麼艱難的環境下堅強的承擔起那麼重的責任，你總不至於連企業賦予的這點責任都承擔不起吧？

胡佳是一家廣告公司的業務代表，為了推銷公司代理的戶外廣告，他整天在外面奔波，每天都要遭遇客戶的冷漠和拒絕。而當他拖著疲憊的身

軀回到公司後，經常看到的是老闆的一張冷臉，聽到的也是對他的業績不佳的批評。小胡心裡真是又酸又澀，收入也一直很低，連坐趟公車都有點心疼。有一段時間他的情緒很低落，覺得公司的廣告招牌不受歡迎，客戶又太挑剔，自己再怎麼辛苦也就這樣，沒什麼指望了。於是，在工作中他應付了事，往外跑的次數越來越少，到了客戶那裡也提不起精神，走個過場就離開了。不久，胡佳想辭職，換一家公司找個輕鬆一點的工作。老闆知道後沒有強留，只是向他提出了幾個問題，希望他在離職前答出來，替公司留下好基礎。

這幾個問題是：

1. 你對戶外廣告的價值和公司的戶外廣告的特色是怎麼理解的？
2. 你跑的這幾十家客戶不接受我們的戶外廣告究竟是什麼原因？
3. 那些客戶對廣告宣傳最重視的是什麼？
4. 你在向他們推薦公司的戶外廣告牌時側重的是什麼特色？
5. 你每星期有多少時間在與客戶溝通？
6. 那些客戶公司的負責廣告宣傳的人的性格特徵、個人喜好是什麼？

拿到這些問題後，胡佳想了半天也難以落筆。就在此時，胡佳突然有一種開了竅的感覺，知道了自己業績差的原因，不在於公司的產品，也不在於客戶挑剔，而是因為自己還沒有搞清楚這些該清楚的東西，沒有積極的面對工作中遭到的困難和壓力。前面這幾個問題，其實是老闆經常對他們提醒和強調的內容，而自己總覺得這些問題不重要、太理論化，一直沒有認真重視，所以造成了現在的悲慘結果。明白以後，胡佳決定不走了，繼續做下去。此後，胡佳一邊工作，一邊學習廣告專業的知識，學習銷售業務的知識和技能，虛心向老闆和經驗豐富的同事請教。同時，他更積極的去拜訪客戶，更主動的與客戶交流，也更注重深入的探詢客戶的需求和願望。

　　堅持了三個多月後，胡佳的努力開始得到了回報，他簽下了一個大型合約，與其他幾個客戶的交流也很順暢，開始迎來了業績的春天。

　　這就是一個普通員工的事例，是發生在我們身邊的、經常能遇到的事例。

　　請記住，不要把自己當一個廢物，不要害怕困難，不要經不起挫折、抗不住打擊，不要當戰場上的逃兵。

　　當你面臨壓力和困難時，請告訴自己要堅持下去，以高昂的鬥志和飽滿的熱情去承擔責任。只要你做到了這一點，你得到的就一定會比你付出的多。因為你征服了壓力和困難，而不是被它們征服。

　　無論工作多麼艱難，無論受多大的委屈，堅持敬業，不要放棄自己的未來！

▌如果付出與回報不成正比

　　我為公司做了那麼多，但公司給我的太少！

　　如果一個員工心裡產生了這種想法，心中火熱的工作熱情難免很快消退，取而代之的是不平與敷衍。

　　毋庸置疑，不少企業的薪酬激勵機制不夠合理，員工的收入偏低，獎勵和處罰更是處於模糊狀態，由老闆說了算，沒有表現出公平公正，對員工的敬業熱情有很大的打擊。當你面臨這樣的情況時，更要以一種積極的心態來面對。要提醒自己，來這裡工作不僅是來賺錢的，還是來學習的。不要被現有的薪酬制約住你的工作熱情。退一步來說，薪資不理想，你可以透過適當的方式和老闆溝通，或者另謀高就，但絕不能既占住公司的位子又不努力工作，同時荒蕪自己的歲月。

　　此外，注意不要把有效的履行了自己的職責視為做出了傑出的貢獻，

不要把做好了應該做好的事視為有很大的功勞。假如不能清醒的認知自己的責任，錯把履行職責當成是做出貢獻，那就容易引發自己的不滿情緒，導致敬業熱情的消退。例如，一個市場行銷部的企劃人員做出了一個很好的行銷企畫方案，保障了企業的新產品順利上市，使得企業的競爭優勢得到了提升，也贏得了很大的經濟效益。這本是他的職責，做好是應該的，否則他就不適合這個職位。但是，如果他把這個視為自己的貢獻，覺得公司應該給他多少獎金，那就是錯把責任當貢獻，就容易引發不滿情緒、降低敬業熱情了。

社會上各行各業的薪酬機制受到許多困難的影響，是不能單純看經濟價值的。假如以責任所承擔的經濟價值來作為薪酬和獎金的主要依據，那我們許多行業的薪酬就要進行徹底的革命了。例如，每個醫師的工作都與一大群人的生命有關，他們正確的診斷出病人的疾病就幾乎是挽救了病人的生命。如果把這個作為貢獻而不是職責，那他們的收入應該是天文數字了。同樣，民航飛機的維護工程技術人員每天的工作就是檢查、維修和保護飛機，每架民航飛機價值都在數億元，加上旅客的生命的價值，這些工程技術人員每消除一個隱患就可能是減少數億元的損失、挽救數百人的生命。如果把這些都作為他們的貢獻，那他們的收入也應該是天文數字。類似這樣的事例還有很多，我們身邊的同事、朋友從事的職業就可能具有這樣的特徵，相信每個人都能列出來。

因此，要正確看待自己的工作，理智的區分責任與貢獻。不要把履行職責當成是做出貢獻，不要把做好了應該做好的事當成是自己的功勞，更不要整天去計算自己的貢獻應該得到多少獎金。如果你認為企業的薪酬制度不合理，你有意見和不滿，可以向老闆提出來，但是不要把職責和貢獻弄混了，否則你的精力就會渙散，就會在算計中迷失自己。

第三章　態度決定高度

「不患貧，而患不公」，這是人性的一個特徵，尤其是對自己身邊的人。因此，工作和待遇上的不公正是殺傷力最大的武器，對員工的敬業熱情有很大的打擊作用。從許多員工的言談中，我們能感受到他們的敬業熱情就是被一些「不公平」、「不公正」現象所撲滅的。「某某部門的人怎麼怎麼樣」、「某某人怎麼怎麼樣」、「我們怎麼怎麼樣」等等，抱怨、傷感、無奈、失望、消沉，多種消極的情緒從言談話語和神情中流露出來。

確實，當我們看到身邊的一些工作表現和為企業做出的貢獻不如自己的同事收入不比自己少的時候；當我們看到有的人整天無所事事、輕輕鬆鬆，收入也不比自己少的時候；當我們因為一點小事受到處罰，而另一些人違規違紀更嚴重卻沒有得到處罰的時候……我們的內心會很酸、很苦，會很鬱悶，也可能會憤怒。但是，我們還是要保持清醒，要提醒自己，不要過分計較與同事在這些方面的差距，更不要因此而拋棄自己的敬業熱情。

我們生活的這個世界沒有絕對的公平公正，我們工作的企業內部同樣沒有絕對的公平公正。無論在哪裡工作，我們都會遇到這樣、那樣的不公平、不公正的現象，有些還會發生在自己的身上。例如，由於人們很重視親情、友情，在就業機會、工作過程管理等方面會對自己的親朋好友有所照顧，這在一些企業裡是非常普遍的現象。所以，由這樣、那樣的關係造成在管理、機會、待遇上的不公平、不公正的現象也是經常發生的。但是，不管是什麼原因造成的，不管你感到如何的痛苦和憤怒，你都不應該把怨氣帶到工作中，不要把企業的錯誤作為自己不敬業的理由，也不要因為別人有好運而拋棄自己的敬業熱情。否則，你就是把自己的職業前途交給了別人，而不是掌握在自己的手裡。

事實上，有些在你看來不公平、不公正的事情和現象，並不一定就是不公平、不公正。因此，在你遇到這些讓自己不順心的事情時，要換一個角度想想，站在相關同事的位置上、站在公司主管的位置上想一想，你也許會發現它的合理之處。

▎這些想法別帶進職場

一個人內心的想法，時刻會影響他的行動。以下八種常見的錯誤想法，你最好不要將其帶入職場。

- **我的目標就是當總裁**：很多人相信「不想當將軍的士兵不是好士兵」這句話。但實際上，將軍的位置很少，如果大家的目標都是想到當 CEO、CTO，那麼這種主觀願望與客觀現實產生的差距會讓人整日鬱悶。因此，我們在工作中首先要將自己確定為一名平凡的人，腳踏實地、用心做好最平凡的工作。

- **能當好下屬就能當好主管**：有人認為，只要把本職工作做好，就能當好主管。其實不同，就如同優秀的運動員不一定是優秀的教練一樣，表現優異的銷售人員、工程師等升任主管後卻表現不佳。這是因為好的主管除了需要工作能力以外，還需要一些其他方面的能力，如決策能力、協調能力、組織能力等。同理，在某個職位做得好，並不代表在其他職位也能做得好。

- **老闆決定每個人升遷的快慢**：如果過於迷信老闆對自己升遷的影響，那麼就會因迎合他的好惡而妨礙了自己真正的成長。如果失敗了，你又會歸咎於老闆，而看不到自己的問題，這樣同樣會使人陷入平庸。

- **只要努力工作，就能得到賞識**：有些人認為，在公司待的時間越長，

第三章　態度決定高度

越能顯示自己的勤奮。只要每天加班，就一定能得到老闆的賞識。其實，工作效率和工作業績是最重要的，整天忙忙碌碌但做不出成果，並不是一個有效率的好員工。

- **成功的關鍵在於運氣**：很多人相信成功是由於有好的機會，因此，他們被動的等待命運的安排，而不去主動的計劃、經營自己的生活，這種人最後只能是一事無成，落入平庸之地。

- **改正了缺點才能得到升遷**：一個人要完成自己的職位計畫，就要依靠自己的優勢。將自己的強項發揮出來後，再去試著糾正弱點，這是揚長避短。先改正缺點的想法使人注意了自己的不足，而忽略了自己的強項。

- **做升遷計畫是人事部門的事**：有人認為升遷是人事部門的事，所以自己只要做好本職工作就行了，其實員工的升遷計畫是組織和個人雙方都參與的事，只不過最終的目標是你個人。如果你自己對以後都沒有一個明確的目標，那麼是不會有誰去替你考慮的。因此，你不能抱著做一天和尚撞一天鐘的態度來對待自己的未來。

- **鄰家的綠地總是更綠更好**：這就是常見的「這山望著那山高」的心態。總是覺得外面的工作更理想，因此產生「跳槽」的想法，而沒有想到在新的工作職位要建立新的人際關係，會面對新的矛盾和挑戰。其實不管從事什麼工作，在哪裡工作，對你來說矛盾與挑戰都存在。

第四章
別把老闆當敵人

第四章　別把老闆當敵人

　　如果說這個世界上還有什麼比婆媳關係更難相處的，那一定是老闆與員工的關係。每天都會在辦公室裡上演的員工離職現象，有相當一部分是因為員工與老闆的關係出現了危機；在職場中，有超過 50％ 的人認為老闆是靠不住的；在職業測評公司接受的諮詢案例中，80％ 的人對老闆很有看法。

　　人們普遍認為，老闆和員工是矛盾的，從表面上看，彼此之間存在著對立性 —— 老闆希望減少人員開銷，而員工希望獲得更多的報酬。事實上，從更高遠的層面來看，老闆和員工之間並不是對立的，兩者之間是一種互惠雙贏的合作關係：在我們為老闆工作的同時，老闆也在為我們工作。

▍你們身處同一個戰壕

　　很多人認為，員工和老闆天生是一對冤家。人們最常聽到的是老闆和員工相互間的抱怨，即使偶爾彼此關心一下，也讓人覺得有點假惺惺的。人們常呼籲老闆要多為員工著想，是出於有利於企業發展的願望來考慮的，而員工似乎就很少有理由要為老闆著想了。

　　但究其根本，老闆和員工只不過是兩種不同的社會角色，只是社會分工不同而已，這兩種角色實際上是一種互惠共生的關係。

　　自然界中有許多互惠共生的現象。比如說豆科植物的根瘤菌，它本身具有固氮的功能，為豆科植物提供了豐富的營養，同時它又可以借助豆科植物獲得生存的空間；再比如非洲熱帶雨林中的大象、犀牛等，牠們身體表面往往會有一些寄生蟲，一些鳥類等小動物也棲息在牠們身上，以這些小寄生蟲為食，同時，大象、犀牛也避免了寄生蟲對牠們的侵害，可謂是互惠互利。這種現象在自然界不勝枚舉，在生物學中統稱為共生現象。

老闆與員工的關係也有異曲同工之妙。從社會學的角度講，老闆和員工是互惠共生的關係。沒有老闆，員工就失去了賴以生存的就業機會；而沒有了員工，老闆想追求利潤最大化也只能是鏡中花、水中月。

對於老闆而言，公司的生存和發展需要員工的敬業和服從；對於員工來說，他們需要的是豐厚的物質報酬和精神上的成就感。從互惠共生的角度來看，兩者是和諧統一的 —— 公司需要忠誠和有能力的員工，業務才能進行，員工必須依賴公司的業務平臺，才能發揮自己的聰明才智。

一隻蠍子來到河邊，牠請求青蛙馱牠過河。青蛙說：「不行，你會用毒刺殺死我的。」蠍子說：「不會的，那樣我也會被淹死的。」青蛙答應了，馱著蠍子過河，誰知道在河中間，蠍子還是對青蛙下了毒手，在牠們落水的那一瞬，青蛙問蠍子為什麼，蠍子說：「沒辦法，這是我的本能，是的，這是我的本性。」

為什麼非要對立呢？為什麼就不能一起過河呢？為什麼要把老闆擺在與自己對立的位置上？這不公平，無論是對員工還是對老闆來說，都不公平。

在美國，並沒有人覺得總統是高高在上的，並沒有人覺得他就是民眾幸福的承擔者。總統也只不過是一個為納稅人服務的政府工作人員，與其他人沒什麼兩樣，只不過他的職位是總統。美國的餐館從來不設雅座，所有人都是一樣的座位，即使你再有錢，也一樣要排隊。

在工作中，許多員工總是把老闆和自己對立，認為老闆和自己之間的關係就是雇主與被僱者、剝削與被剝削，其中沒有絲毫感情成分，只有利益的需求。這樣的心態必然加重了老闆和員工之間的矛盾和誤會，隨之產生的就是跳槽頻繁、鉤心鬥角，人際關係成了大家最為關注的事情，本職工作倒變得無足輕重。這正是我們職業素養、敬業精神缺乏的表現。

　　也許，表面上看的確是這樣，事實卻並非如此。在激烈的競爭海洋中，暗流洶湧，變幻莫測。所有團隊的成員都有共同的目標 —— 成功抵達目的地。要想實現這個共同的目標，所有人都必須精誠合作，必須把自己當作這艘輪船的主人，因為沉船的危險時刻存在，沉船之後，死的不僅是「船長」，當然也包括所有的「水手」。就像故事中的蠍子和青蛙，道理同樣適用於老闆與員工。

和老闆來個換位思考

　　也許有人會認為自己遭受老闆的剋扣、壓榨和奴役，認為自己的貧窮是由老闆造成的，然而事實上並非完全如此。

　　如果我們總是用上述眼光來看待公司和老闆，我們看到的永遠是黑暗，永遠是剝削。

　　老闆既不是善良無私的慈善家，也不是十惡不赦、吃人不吐骨頭的剝削者。去除自己看老闆時的那種對立眼光，我們就會對老闆多一分理解和支持。社會給予老闆許多燦爛的光環，同時，也給予老闆許多偏見和苛求。但是，老闆就是老闆，是一個商業經營者，老闆存在的意義不是為了替窮人募捐，也不是為無家可歸的人提供避難所 —— 儘管他們能夠做到，並且有許多人都在那樣做，但這並不是他們的主要工作。他們的責任是不斷創新，提供更多的就業機會，創造更多的利潤，使公司能夠長期運轉下去，使更多的人能夠獲得更多的生存機會。

　　之所以苛求老闆，是因為人們對他們有太高的期望值。大多數老闆並不是迫害狂，他們的目的是以最小的投入獲得最大的利潤。如果他們像慈善家一樣，毫無原則的施捨，那麼正常的企業經營就無法維持，就會有更多的人面臨失業的危機。

在這個世界上，每個人觀察問題的角度是在不斷變化的。以前我也幫別人工作過，那時總是有做不完的事，因而認為老闆不近人情；現在，我也成了老闆，卻總認為員工工作不積極主動。

成功法則中最重要的一條定律是：待人如己。就是說，不管做什麼事，都要站在他人的立場上為別人著想。作為員工，要不時的為老闆想想；身為老闆，則應多理解員工的苦衷，對他們多一些幫助和信任。作為一種道德法則，它可以約束人；作為一種動力，它可以改善工作環境。當你這樣做的時候，你的善意就會在無形之中表達出來，從而影響和感動包括你的老闆在內的周圍的每一個人。你將因為這份善意而得到應有的回報。任何成功都是有原因的。不管什麼事都能悉心替他人考慮，這就是你成功的原因。

不要以為老闆就整日吃香喝辣、跳舞打牌。老闆圈子裡流行這麼一句話：老闆不是那麼好當的。這句話道出了老闆們風光背後的隱痛。一位集團總裁認為老闆其實是公司中最辛苦的一個員工。「既要與市場競爭對手交手，又要與政府周旋，還要擺平『新舊諸侯大臣』之間的利益和衝突，對任何一個企業領導者來說，都是一個很大的挑戰。」簡而言之，老闆在公司所承擔的痛苦和責任主要有以下幾個方面：

抉擇的痛苦

企業發展到一定規模，做老闆的自然風光，然而隨之而來的卻是企業發展方向的抉擇，這種思考的痛苦是企業員工所不能理解的。企業到底要不要發展壯大？如果企業需要進一步發展，是自己來做還是請專業經理人？自己做，面臨著精力和時間上的壓力，請專業經理人，又面臨著處理老闆與專業經理人之間的種種矛盾；矛盾發生時，專業經理人拍拍屁股就

可以走了，但是老闆卻還得撿起爛攤子，這些都將為老闆經營企業帶來很大的陰影。

經營風險

經營一家公司勢必要面臨種種的風險。因為賺錢而風光一時的老闆很多，因為破產而跳樓割腕的也不少。

很多員工常常這樣算帳：老闆進了多少貨，進價多少，賣價多少，賺了多少，才分給我多少；或者這樣想，我薪資多少，創造的價值多少，剩下多少被老闆剝削了。照這樣算下去，世界上有多少個老闆，就有多少個黑心肝。

其實有很多帳是只有老闆自己清楚的，也許一筆生意是賺了很多，但一年中還有很多沒有生意的時候，沒有生意仍然有支出，所以公司不能不有所儲備。另外還有一些生意是虧本的，公司要辦下去，總得扯平了算帳，削高補低，才能維持。既然虧本的時候薪水要照發，賺了錢也不可能全部分光，老闆和員工的著眼點不同，算法也不一樣。

不少人往往過於高估自己，只算自己創造的價值，不算自己產生的消耗，更看不到自己所獲得的一切必須依靠企業這個平臺，而搭建這個平臺所消耗的龐大費用，是需要每一個人每一個環節來分擔的。

員工的局限在於只見樹木，不見森林，只看得見具體的業務，看不見整個企業的運作。要營造好企業這個平臺，老闆所付出的不僅是資金，還有精力、學識、智慧，這些也許就是他人生的全部貯備。

俗語說：當家才知柴米貴，養兒方知父母恩。小孩子往往只看見父母的威嚴，不知道父母的辛勞，老闆的處境也是如此，很多時候是不為部屬所理解的。

老闆都有血淚帳

　　每一個老闆都有一筆血淚帳。雖然他們在外人眼中總是談笑自若，一副閒庭信步的樣子，但在他們心中都有筆血淚帳，因為他們長期生活在成本和利潤之間，每花一筆錢時，自然而然就會計算。

　　大多數老闆都很「摳」，因為經營本來就必須精打細算。何況當了老闆，老闆就等於是自己的長工，不管生意好不好，收入高不高，老闆都得扛著。

　　當一個老闆，因為企業是你自己的，開弓就沒有回頭箭了，誰會因為你生意不好就同情你、謙讓你，該交的稅要交，該付的薪水不能不付，房租、水電、辦公費用等等，一分也不能少。

　　人在嚴酷的環境中，最強烈的本能就是生存；老闆在激烈的競爭中，唯一的選擇就是營利。生意場上只有一條出路，那就是賺錢！

　　所以老闆的壓力不知比員工大多少。替人工作的，只要有本事，哪裡找不到一碗飯吃！吃得飽就繼續做，吃不飽，一走了之，炒老闆的魷魚。然而做老闆的就沒有這麼瀟灑了。

　　老闆和員工，對於企業的忠誠度和責任心，永遠都是沒法比的。作為老闆，企業是自己的，只要一天不關門，老闆就一天不能停止去找米下鍋。

　　今天有米，誰也不能保證永遠有米，所以老闆即使賺了錢也有危機感，沒有賺錢更是寢食不安。至於虧了本的，那徹骨的焦慮，外人又怎麼能夠體會。

　　老闆都是苦出來的，沒有誰能隨隨便便成功。

　　人們看見老闆開豪華車，出入飯店酒樓，就覺得老闆活得瀟灑。其實，他們既然能在激烈的市場競爭中生存發展，大多數還是有強烈事業心

 第四章　別把老闆當敵人

的，吃苦耐勞，許多人甚至成為工作狂，哪裡有工夫瀟灑？他們確實比一般人更多的出入燈紅酒綠的場所，但那多半也是為了工作應酬而已，與瀟灑相去甚遠。

老闆的樂趣未見得比普通人多，人們對老闆的要求卻比普通人高。

親情的痛苦

老闆承擔的壓力和付出的東西比一般人要多得多。算算老闆的工作時間，早上八點鐘到辦公室，中午開會或者陪人吃飯，下午接待各式各樣的人，晚上還要應酬，等到回家的時候，孩子睡了，太太也睡了，老闆與家人之間基本上沒有時間溝通和交流。老闆與太太雙方的角色就像兩種職業，一個是職業老闆，一個是職業家庭主婦，由於缺少溝通，兩者間也越來越不可能產生共鳴。

除了家人，還有兄弟等。有的人做了老闆以後，由於利益的紛爭，兄弟姐妹反目成仇，老闆成了孤家寡人。有的是幾個好朋友一起做生意，剛開始很好，做到一定程度，每個人的想法就不一樣了，一邊說我的錢賺夠了，請退錢給我；另一邊說我還要繼續發展，急需錢投資，不能退錢，最後只能是各自品味斷臂之痛。

身體的痛苦

「寧願胃裡喝個小洞洞，也不能讓感情上出現小縫縫。」很多老闆不僅工作要動腦，而且還要陪各種人等交際應酬，結果，肚子大了，頭髮沒了，身體垮了，老闆的成功是犧牲了很多健康代價的。實際上，老闆的時間是被祕書安排的，老闆往往成了祕書的奴隸，越大的老闆越是沒有時間安排自己的生活。有一位集團總裁就是因為事業而失去了自己的健康和生命。

孤獨的痛苦

老闆的交際圈很廣，但風光只在表面。與政府，永遠是官和商講不清楚的小心翼翼的關係；與家人和親人，疏於溝通可能出現了裂縫；與原來的朋友，經過多年的創業，要麼分離，要麼剩下來的就是下屬關係。

企業發展到一定程度，對於公司裡發生的煩惱事，老闆既不能和太太談，也不能和朋友說，因為這是商業機密。老闆只能和幾個重要的員工討論，但是下屬和老闆之間永遠是上下級的關係，隔著距離，老闆也不可能把所有的話告訴下屬。有了煩惱，不能和家人說，不能和朋友說，更不能和下屬說，老闆高處不勝寒。

曾經有老闆開玩笑，星期六、星期天找專業經理人打球的人很多，但找他們的很少，因為沒有人願意和老闆一起。不能隨便外出，不能隨意做事情，老闆的一舉一動都要考慮到企業的形象，享受不到別人所謂常態的快樂。

責任的重擔

老闆是公司必不可少的一名員工，是公司的核心和靈魂人物。如果他的離開導致企業的破產，那麼很多人都面臨著重新選擇職位，甚至對整個產業都可能會產生影響。每個人總有疲憊的時候，社會的責任、市場的競爭、各種人際關係都迫使老闆無法自由的卸下肩上的責任。

怎麼樣，看了以上的文字，你對於你的老闆是否多了一些認識與了解了呢？嘗試著去理解他吧，理解是架通人心的橋梁。理解萬歲。

第四章　別把老闆當敵人

▌積極主動與老闆溝通

　　俗話說：通則不痛，痛則不通。你與老闆之間一旦「不通」，則難免有「痛」。如何才能「通」？溝通！

　　麥克是美國金融界的知名人士。他初入金融界時，他的一些同學已在金融界內擔任高職，也就是說他們已經成為老闆的心腹。他們教給麥克的一個最重要的祕訣就是「千萬要主動跟老闆講話」。

　　話之所以如此說，就在於許多員工對老闆有生疏及恐懼感。他們見了老闆就噤若寒蟬，一舉一動都不自然起來。就是職責上的述職，也可免則免，或拜託同事代為轉述，或用書寫形式報告，以免受老闆當面責難的難堪。長此以往，員工與老闆的隔膜肯定會越來越深。

　　然而，人與人之間的好感是要透過實際接觸和語言溝通才能建立起來的。一個員工，只有主動跟老闆做面對面的接觸，讓自己真實的展現在老闆面前，才能令老闆直覺的看到自己的工作才能，才會有被賞識的機會。

　　在許多公司，特別是一些剛剛走上正軌或者有很多分支機構的公司裡，老闆必定要物色一些管理人員前去工作，此時，他選擇的肯定是那些有潛在能力，且懂得主動與自己溝通的人，而絕不是那種只知一味勤奮，卻怕事不主動的員工。

　　因為兩者比較之下，肯主動與老闆溝通的員工，總能藉溝通管道，更快更好的領會老闆的意圖，把工作做得近乎完美。所以前者總深得老闆歡心。

　　老闆階層的人有一個共同的特性，就是事多人忙，加上講求效率，故而最不耐煩長篇大論，言不及義。因此，你要引起老闆注意並很好的與老闆進行溝通，應該學會的第一件事就是簡潔。簡潔最能表現你的才能。莎

士比亞把簡潔稱之為「智慧的靈魂」。用簡潔的語言、簡潔的行為來與老闆形成某種形式的短暫交流，常能達到事半功倍的良好效果。

雖然你所面對的是一個老闆，但你也不要慌亂，不知所措。無可否認，老闆喜歡員工對他尊重。然而，不卑不亢這四個字是最能折服老闆，最讓他受用的。員工在溝通時若盡量遷就老闆，本無可厚非，但直白點講，過分的遷就或吹捧，就會適得其反，讓老闆心裡產生反感，反而妨礙了員工與老闆的正常關係和感情的發展。你若在言談舉止之間，都表現出不卑不亢的樣子，從容對答，這樣，老闆會認為你有大將風度，是個可選之材。

理解的前提是了解。老闆不喜歡只顧陳述自己觀點的員工。在相互交流之中，更重要的是了解對方的觀點，不急於發表個人意見。以足夠的耐心，去聆聽對方的觀點和想法，是最令老闆滿意的，因為這樣的員工，才是主管人選。

在主動與老闆溝通時，千萬不要為標榜自己，刻意貶低別人甚至老闆。這種褒己貶人的做法，最為老闆所不屑。與人溝通，就是把自己先放在一邊，突出老闆的地位，然後再獲得對方的尊重。當你表達不滿時，要記住一個原則，那就是所說的話對「事」不對「人」。不要只是指責對方做得如何不好，而要分析做出來的東西有哪些不足，這樣溝通過後，老闆才會對你投以賞識的目光。

對於日新月異的科技、變化迅猛的潮流，你都應保持應有的了解。廣泛的知識面，可以支持白己的論點。你若知識淺陋，對老闆的問題就無法做到有問必答，條理清楚。而當老闆得不到準確的回答，時間長了，他對員工就會失去信任和依賴。

在了解了老闆的溝通傾向後，員工需要調整自己的風格，使自己的溝通風格與老闆的溝通傾向最大可能的吻合。有時候，這種調整是與員工本

人的天性相悖的。但是員工如果能透過自我調整，主動有效的與老闆溝通，創造和老闆之間默契和諧的工作關係，無疑能使你最大程度的獲得老闆的認可。

▌不妨把老闆當成老師

不要把老闆當敵人，也不要把他當上帝。把老闆當成老師是一個很好的建議。老闆之所以成為老闆，一定是有其獨特的可取之處。社會是一所大學，老闆是我們最不應該忽略的「大學」老師。

每個人成功的方法都不一樣，譬如說，有的人成功是因為背後有個「偉大」的爸爸，有的人是因為娶了一個能幹或很有錢的老婆，有的人是因為有人賞識提攜，但也有人是從低層一步一步透過自己苦做實做的爬上來……

你的老闆走的是哪一條路呢？他一路走來經歷了哪些困難，又是如何克服困難的？或許，你可以套用一下他的「成功模式」呢！

你甚至可以當面向你的老闆請教他的成功之道。一般來說，人人都喜歡談成功而忌諱談失敗，所以他會不吝告訴你他的成功經驗。你需要學習的是：

· 他如何踏出第一步以及第二步、第三步？
· 他如何累積實力？
· 他如何突破困局，超越自己？
· 他如何處理內外的人際關係？
· 他如何規劃一生的事業？

你可以照著做，當然也可以只模仿其中的若干方法，或是根據他的模式來修正你的方向。

此外，不僅要從老闆過去的歷程中吸收營養，還要善於在日常工作中學習老闆為人處世的高招。有一句話是這樣說的：最令人愉悅的拍馬屁是向他人請教。以老闆為老師，一則提高自己的能力與素養，二則融洽上下級之間的關係，何樂而不為？

時時維護老闆的面子

人們酷愛面子，視權威為珍寶，有「人活一張臉，樹活一層皮」的說法。而作為老闆，似乎更珍惜自己的面子，很在乎員工對自己的態度，往往以此作為考驗他們對自己尊重不尊重的一個重要「指標」。

面子和權威之所以如此重要，根本原因在於它們與老闆的能力、水準、權威性密切相關。得罪老闆與得罪同事不一樣，輕者會被老闆責備或者大罵一番；遇上素養不高、心胸狹窄的人可能會打擊報復，暗地裡找你麻煩。

為維護老闆的面子與權威，必須做到以下幾點：

老闆理虧時幫他留個臺階下

老闆也是人，不可能總是正確的，但又都希望自己正確。所以沒有必要凡事都與他爭個孰是孰非，得讓人處且讓人，給老闆一個臺階下，維護一下老闆的面子。

老闆有錯時，不要當眾糾正

如果錯誤不明顯無關大礙，其他人也沒發現，不妨「裝聾作啞」。如果老闆的錯誤明顯，確有糾正的必要，最好尋找一種能使他意識到而不讓其他人發現的方式糾正，讓人感覺是老闆自己發現了錯誤而不是下屬指出的，如一個眼神、一個手勢甚至一聲咳嗽都可能解決問題。

第四章　別把老闆當敵人

替老闆爭面子

　　聰明的員工並不是消極的幫老闆保留面子，而是在一些關鍵時刻替老闆爭面子。

　　戰國時，趙國被強大的秦國打得落花流水。平原君趙勝奉老闆趙王之命，去楚國求兵解圍。平原君是趙王手下的員工，但他同時也自封老闆，養了很多門客（據說有三千之眾）。平原君挑選20個門客去了楚國，楚王卻只接見平原君一個人。兩人坐在殿上，從早晨談到中午，還沒有結果。在大多數門客乾著急時，一個叫毛遂的門客大步跨上議事大廳臺階，遠遠的對著他的老闆平原君大聲叫起來：「出兵的事，三言兩語就可以說明白，為什麼議了這麼久還沒有結果？」楚王非常惱火，喝斥道：「趕快退下！你沒看到我在和你的老闆討論大事嗎？」毛遂見楚王發怒，不但不退下，反而又走上幾個臺階。他手按寶劍，說：「如今十步之內，大王性命在我手中！」楚王見毛遂那麼勇敢，不敢再喝斥他，只得聽毛遂講話。毛遂就把出兵援趙有利楚國的道理，做了非常精闢的分析。毛遂的一番話，說得楚王心悅誠服，答應馬上出兵。平原君非常高興的回國覆命。幾天後，楚、魏等國聯合出兵援趙。秦軍撤退。毛遂在關鍵時刻不光為他的老闆平原君長了臉，還做了實事，老闆哪有虧待他的道理？平原君回趙後，待毛遂為上賓。做員工能做到門客毛遂的境界，沒有老闆不欣賞、不看重的。

▍和老闆保持步調一致

　　和老闆保持步調一致，是員工與老闆實現雙贏的重要途徑。如果你的老闆總抱怨你不靈通，交代多少遍都不明白，那麼你就有必要檢討自己，在領悟力上多下工夫，否則你將很難擺脫老闆找你碴的魔咒。

　　身為下屬，腦筋要轉得快，要跟得上老闆的思維，這樣才能成為老闆的得力助手。為此，你不僅要努力的學習知識技能，還要向你的老闆學習，這樣才會聽得懂老闆的言語。他說出一句話，你要能知道他的下一句話講什麼。也就是知道他的言語，跟得上他的思維。如果你不去努力學習，你的老闆想到 20 公里了，你才想到 5 公里的地方，你跟他的差距就會越來越大，他是沒辦法提拔你的。

　　也許察言觀色這四個字聽起來不大順耳，但是在辦公室裡學會「察言觀色」絕對會令你受益無窮。千萬不要把坐在那間辦公室裡的老闆想像成不食人間煙火的聖人，推斷他「應該」怎樣怎樣，指望他隨時都會客觀公正，不知深淺的去動「老虎鬍子」，你要做的就是在完成工作的同時留意他的脾氣秉性、喜怒哀樂。比如，假如你的老闆在下午特別易怒，就盡量爭取在上午向他請示工作，而在午飯以後和他保持距離。

　　與老闆談話時，要懂得察言觀色，當然這並非是一種討好術，而是作為聰明下屬的明智。不要光顧著自己侃侃而談，要懂得留時間給對方說。如老闆臉色不悅或沉默不語，那就要想想是不是自己的言辭激烈了，能否換一種委婉的措辭方式。如果老闆抬手看錶，那你不妨徵詢一下是否需要改約時間。談話過程中，不要擅自打斷老闆的話，應耐心聽對方說完，再發表自己的意見。插話也不宜過多，應盡量簡明扼要。如果中途老闆接聽電話，從聲調、語氣你應及時判斷是否要迴避，如需要可暫時出去一下。和老闆持不同意見時，別急著爭辯，應整理好思路，有條不紊的說，免得臉紅脖子粗。在碰到老闆情緒激動時，你不必硬頂，免得發生更大的爭執，應等到對方情緒稍平和時，再表達意見，這樣事情才會有可能向好的方面轉化。總之，和老闆交談應掌握做下屬的分寸。

　　另外個人的禮貌修養也應表現出來，不要讓老闆覺得你舉止馬虎隨

便，說話像個冒失鬼似的；應當透過交談過程中的一些細節，反映你的才能與素養，從而使老闆更加認同你、重視你、任用你。

通常情況下，上司或者老闆礙於身分，許多話無法直截了當的說出來，如果你是一個有心人，透過察言觀色，充分領會出他的潛臺詞，肯定會獲得老闆的認可。

與老闆步調一致是一個職場中人獲得老闆的賞識不可或缺的法寶。要想掌握老闆意圖，與老闆做到步調一致，你必須學會察言觀色，要讓自己的行動跟得上老闆的思維。這樣你才能和老闆一起乘舟出航，共同抵達雙贏的彼岸。

第五章
與公司共命運

第五章　與公司共命運

一位 5 年前做最粗淺工作的程式設計師，在 2005 年 8 月 6 日清晨醒來，驚訝的發現自己一夜之間成了千萬富翁！他不是在做夢，夢在人睜開眼睛之後就結束了，而他的財富是在他睜開眼睛後才得知的。與他一起迅速致富的，共計 9 位億萬富翁、30 位千萬富翁和 400 位百萬富翁。他們之中多數幾年前還是學生。

締造這場財富神話的，是一家 IT 公司以及一群年輕人。因為公司在美國那斯達克成功上市並瘋狂上漲，持有原始股的公司員工一舉成為財富英雄。

公司（企業）與人之間的關係，從來沒有如現在般緊密過。公司每一個員工的工作投入，都攸關公司的興衰榮辱。同時，公司的興衰榮辱，又攸關公司每一個員工的回報。一起把公司做大做強了，大家就都會有美好的明天。

▎公司是你的船

我們生活在一個崇尚個人創業的時代，但並不是每個人都能夠成為老闆。好在如今致富並非只有個人創業當老闆的華山一條路。選中一家公司，跟定一個老闆，做透一份職業，都有「大富大貴」的可能。許多類似的例子，都說明了這一點。

對公司員工來說，只有公司發達，他才能夠真正發達；只有公司營利了，他的薪資才能更加理想；只有公司做大了，他個人才能有更廣闊的發展空間。如果沒有公司的快速發展和利潤的增加，豐厚薪酬只是無本之木、無源之水。

公司的成功不僅意味著老闆的成功，同時意味著每個員工的成功。每個員工都應該明白這樣的道理：只有公司成功了，你才能夠成功。公司和

你的關係就是:「一榮俱榮,一損俱損。」 只有認知到這一點,你才能在工作中贏得老闆的賞識和尊重。

公司如同一條航行於驚濤駭浪中的尋寶船,老闆是船長,員工是水手,一旦上了這條船,員工的命運和老闆的命運就拴在一起了。老闆和員工有著共同的前進方向,有著共同的目的地,船的命運就是所有人的命運!

1997 年 6 月,當麥可·艾伯拉蕭夫(Michael Abrashoff)接管班福特號,擔任艦長的時候,船上的士兵士氣消沉,很多人都討厭待在這艘船上,甚至想趕緊退役。

但是,兩年之後,這種情況徹底發生了改變。全體官兵上下一心,整個團隊士氣高昂,班福特號變成了美國海軍的一艘王牌驅逐艦。

麥可·艾伯拉蕭夫用什麼魔法使得班福特號發生了這樣翻天覆地的變化呢?概括起來就是一句話:「這是你的船!」

麥可·艾伯拉蕭夫對士兵說:「這是你的船,所以你要對它負責。你要讓它變成最好的,你要與這艘船共命運,你要與這艘船上的官兵共命運。所有屬於你的事,你都要自己來決定,你必須對自己的行為負責。」

從那以後,「這是你的船」 就成了班福特號的口號,所有的士兵都覺得管理好班福特號就是自己的職責所在。

現在,假定你是班福特號艦船上的一員,不管你是大副,還是水手;不管你是機械師,還是船艙底下的司爐工,想一想,你該怎樣對待你的工作職位?你是不是有責任、有義務照管好你的班福特號?其實不需要其他的理由,因為這是你的船。

同樣,作為公司的一員,不管你是司機、推銷員,是會計,還是倉庫管理員;也不管你是技術開發人員,還是部門經理;哪怕你僅僅是一名清潔工人,只要你在公司這艘船上,你就必須和公司共命運。你必須和所有

第五章　與公司共命運

的公司員工同舟共濟，乘風破浪，駛向你們的目的地。

只要你是公司的員工，你就是公司這艘船的主人。你必須以主人的心態來管理照料這艘船，而不是以一種乘客的心態而背離自己的責任。

記住：在這船上，你是主人，而不是一個乘客！

因為如果你是乘客，那麼，對待公司的態度就會發生根本性的變化。一旦這艘船出現問題，你首先想到的是自己如何逃生，而不是想辦法解決問題，克服困難，度過危機。

看過電影《鐵達尼號》的人都會有很深刻的印象。當船出現了問題以後，乘客多是慌慌張張的逃生，而船上的工作人員呢，從船長到水手，都在有條不紊的展開各種救生的工作，或是發 SOS 求救信號，或是放救生艇、救生筏，或是指揮各方營救婦女兒童先上救生艇。當能夠實施的措施都用完了之後，船長則整理好自己的制服，回到他的辦公室，與其他誓死恪守自己職位的船員，安靜的選擇了與鐵達尼號同生死、共命運！

當然，在現實中我們應當把公司設想為一艘滿載幸福和希望，開往充滿陽光和鮮花的彼岸的船，無論你是什麼職務，你和船長都是一樣，一起擔負著與艦船共存亡的責任。如果你是船上的大副，那麼你可以在船長不在的情況下努力編寫航海日誌，認真履行船長交代的任務。即使船長沒有交代任何任務，作為一名大副，你也要擔當起責任來，去努力協調各個部門，做好艦船的維護和保養工作。既然我們都是這艘艦船上的船員，它是我們戰鬥和生活的地方，那麼自覺的維護這艘艦船，保障我們的生命不受到威脅，就是我們神聖的使命。

每一個公司都需要與公司共命運的人。「與公司共命運」 應該作為每一個員工的誓言貼在公司的牆壁上。

與老闆同舟共濟

「同舟共濟」語出《孫子·九地》:「夫吳人與越人相惡也,當其同舟而濟,遇風,其相救也,如左右手。」原意為同在一艘船上渡水,比喻團結互助、同心協力、戰勝困難。

如果你到美國海軍陸戰隊,你可能會經常聽到「同舟共濟」這個詞語。每一個海軍陸戰隊隊員都知道,你必須與長官同舟共濟,與戰友同舟共濟,否則犧牲的可能性就會大大提高。

戰場意味著生與死,每一個人的失誤都可能導致整個團隊的覆滅,因此在部隊裡,很容易理解同舟共濟的意義。在商場上,就沒有那麼深刻,因為即使出現一些失誤,也不會送命,不過是損失一些金錢罷了。當然,任何一家企業,都不可能承受一直損失金錢的局面。企業如同一艘大船,它需要所有的船員(員工)全力以赴把船航向成功的彼岸,同時這條船也承載它的船員(員工),避免他們掉入大海。大船一旦沉了,會有很多人失去工作,很多家庭的收入受到影響,這雖然沒有送命那麼嚴重,但是也沒有人希望看到這樣的結果。

在企業這艘船上,老闆就是船長。這個職位所給予他的,不僅僅是權力和地位,還有責任,他要考慮船的航向,要避免船觸到暗礁或冰山,要保障一船人的安全。因此,我們就應當與老闆同舟共濟,盡職盡責的完成自己的本職工作,最大可能的分擔老闆的壓力,和老闆一道,讓企業這艘船駛向成功的港灣。

和老闆同舟共濟,試金石不是「同甘」而是「共苦」。一聽到公司遇到什麼危機就打退堂鼓的人,因主動放棄磨練的機會而很難獲得能力上的提高,同時也很難得到卓越的職業聲譽與老闆的極度信任。危難之時顯

身手，也更顯「真情」——這裡所謂的真情，是一種職業素養。

苦盡甘才來。一個能夠時刻與公司共命運的人才能獲得更多。假如你與公司同生死，共命運，公司會給你最大的回報。即使公司在你的努力之後還是回天無力，你的付出也會為你的未來贏得龐大的財富。

試想一下：一支團隊長期跟隨某一領導者，在其最艱難的時候，團隊依然堅如磐石，這個團隊在成功之後，有形與無形的回報難道不會是龐大的嗎？

每當筆者回顧商場上風雲激盪的歷史時，總是在想：是什麼支撐了那些追隨者無悔的腳步？是職業的素養嗎？當然是，但也一定有對於領導者的極度信任——跟著他，一定有揚眉吐氣的日子！

因此，在討論「與老闆同舟共濟」這一話題時，我們難免要設定一個前提，那就是：你跟定的老闆一定要對。當然，這個「對」的判斷，只能由你自己來做。你要謹慎選擇一個合適的公司，謹慎選擇一個合適的老闆。而當你選擇一個公司並成為它的員工的時候，就意味著你從此與這個企業的命運牢牢的連結在一起。公司是船，你就是水手，讓船乘風破浪，安全前行，是你不可推卸的責任。一旦遇到了風雨、礁石、海浪等種種風險，你都不能選擇逃避，而應該努力使這艘船安全靠岸。

▍和公司一起成長

著名戲劇大師易卜生（Henrik Johan Ibsen）說：「青年時種下什麼，老年時就收穫什麼。」由此我想到的是，你在公司的土壤中種下什麼，公司就會回報給你什麼。如果你願意承擔成長的責任，那麼你就會獲得成長的權利；如果你把公司的成長當成自己的責任，那麼公司自然會為你創

造成長的機會；如果你以積極的熱情和全心全意的努力對待公司中的種種事務，那麼你的事業、你的精神就會在公司中得到最了不起的進步；只要你的行為和態度切實推動了公司的成長，那麼公司就一定會給予你相應的回報。

每位員工的進步都會推動公司的成長，當員工主動承擔起推動公司成長的重任時，實際上就已經邁出了和公司一起成長、共同提高的腳步。善於成長的員工才是有價值的員工，成長是一種責任。唯有把成長當作是一種責任，才能創造更大的價值，才能實現不斷成長的目標。

我們可以看到這樣一個有趣的現象：在一些大的、知名企業任職的人，會很願意提及自己供職的企業，甚至有時帶有炫耀性的說起；而供職不知名小企業的人，卻羞於談起自己的企業，他們覺得那不是一件令人愉快的事。供職於知名企業的人願意提及自己的企業，是因為這讓他們感到自豪，別人也會另眼相看，其實，真正讓你自豪的不是企業的名號，而是這個知名企業中有你的一份努力和智慧，企業的知名度也為你增添了光彩；相反，儘管那些小企業的人羞於提及自己供職的企業，他們也同樣為企業貢獻了智慧，但他們總覺得低人一等的原因就在於，人才的價值是隨著企業增值而增值的，隨著企業的貶值而貶值的。威爾許為什麼能成為世界商界的風雲人物，那是因為奇異公司是世界商界的風雲企業；比爾蓋茲為什麼能成為世界首富，那是因為微軟強大的行業霸主地位。而這後面卻是因為這些商界風雲企業都擁有一流的人才，是這些頂尖的人才推動了企業的發展；反過來，企業的強大又為人才提供了優越的發展空間和豐厚的待遇。

對員工來講，很多人一直都在不懈的尋找適合自己發展的最佳平臺，薪酬已不是他們考慮的唯一因素！為未來做準備，為成功打基礎，要自信力，要成就感，發展，成長，已成為他們關注的重點！

第五章　與公司共命運

　　作為一名員工，如果不能主動與公司同步成長，不但會使公司的發展受到制約，而且最終難逃被企業淘汰的命運。

　　實際上，與公司一起成長是企業和員工雙方對彼此的一種心理期望，這就是美國著名管理心理學家施恩（E. H. Schein）教授提出的一個名詞——心理契約，其意思可以描述為這樣一種狀態：企業的成長與員工的發展雖然沒有透過一紙契約載明，但企業與員工卻依然能找到決策的各自「焦點」，如同一紙契約加以規範。即企業能清楚每個員工的發展期望，並滿足他；每一位員工也為企業的發展全力奉獻，因為他們相信企業能實現他們的期望。

　　所以，企業和員工之間應該建立這種和諧的心理契約，這有利於企業增加凝聚力，建立良好僱傭關係。建構員工與企業共同成長的心理契約，對員工來說，必須融入企業的文化。國際著名的策略發展研究機構蘭德公司經過長期研究發現，以企業理念、企業價值觀為核心的企業文化，是企業最核心的競爭力。他們還發現，優秀的企業文化在成功企業的發展過程中發揮著十分重要的作用。一名員工如果能夠很好的遵守這些原則，就能使自己的工作符合企業的長期目標，就能很快的融入企業，從而獲得大的發展。微軟對員工融入公司的企業文化的要求是十分嚴格的，微軟總裁比爾蓋茲說：「熟悉本公司是每個員工的必修課，因為只有熟悉本公司情況，才有可能把公司情況介紹給你的客戶，反之，必會引起客戶的懷疑。」

　　「與公司一起成長」，這應是你剛入公司工作就應該明白的道理，你應該從一踏入公司就樹立這樣的意識，並在平常的工作中加以落實和貫徹。你要始終相信：你和公司是一體的。公司得以持續發展的根本依賴是公司內部所有員工的共同努力和不斷進步。每一個員工的進步都會推動公

司的成長，每一個員工的努力都會為公司的進步增添一分力量，實現自身的進步和促進公司的成長是每一位員工義不容辭的責任，只有不斷成長的員工才能為公司創造更大的價值。

▎站在公司的立場考慮問題

我們經常聽到公司員工有這樣的說法：

· 我這麼辛苦，但收入卻和我的付出不成比例，我努力工作還有必要嗎？
· 這又不是我的公司，我這麼辛苦是為了什麼？
· 公司推行各式各樣管理我們的政策，這表示公司根本就不信任我們。

公司與員工經常會有衝突，員工常常感到公司沒有給予自己公正的待遇，其實，產生這樣的想法是因為你和公司所處的角度不同。公司的老闆希望你比現在更努力的工作，更加為公司著想，甚至把公司當成自己的事業來奉獻，而你站在員工個人的角度來考慮問題，你自認為已經很努力了，工作占用了你大部分的精力和時間，但公司只給了你不相稱的待遇。

你可能感慨自己的付出與受到的肯定和獲得的報酬並不成比例，但是你必須時刻提醒自己：你是在為自己做事，你的產品就是你自己。

在這裡，我們提出的理念是希望員工學習站在公司的角度思考問題，換個角度，你得出的結論就會不同。如果你是老闆，一定會希望員工能和自己一樣，將公司當成自己的事業，更加努力，更加勤奮，更加積極主動。現在，當你的老闆向你提出這樣的要求時，你還會抱怨嗎？還會產生剛才的想法嗎？

我們沒有必要把自己的想法強加給別人，但是卻必須學會從別人的立場來看待問題，這樣可以避免很多不必要的衝突。

第五章　與公司共命運

　　從公司的角度出發，將公司視為已有並盡職盡責完成工作的人，才是老闆真正器重的人，是終將會獲得成功的人。

　　很多情況下，你的老闆就代表了公司，你不要抱怨公司對你的不公，抱怨上司不給你機會，而要積極主動的尋求改變。從自身出發，盡職盡責完成工作，並站在公司的角度，發現公司需要怎樣的員工，進而使自己變得對於公司、上司不可或缺，無可替代。這樣的你不僅自身對於公司更有價值，而且使公司和個人雙贏，這才是優秀員工應有的表現。因此，站在公司的角度，我們要經常的問自己下列問題：

· 如果我是老闆，我對自己今天所做的工作完全滿意嗎？
· 回顧一天的工作，我是否付出了全部的精力和智慧？
· 我是否完成了企業對自己、自己對自己所設定的目標？
· 我的言行舉止是否代表了企業的利益，是否符合老闆的立場？

　　站在公司的角度看問題，要求我們能夠坦率溝通解決問題。

　　很多時候，溝通的不順暢為我們帶來許多不必要的麻煩。你不知道你的老闆希望你做什麼，不知道公司需要你成為怎樣的員工。沉默不能帶來順暢的溝通，更無法讓別人知道你或為你帶來機會。

　　老闆的立場代表著公司的利益，你要學會從公司的角度看問題，就要主動找你的上司或老闆，了解他們需要怎樣的員工，他們最希望你做些什麼。積極主動的改進你的工作，你會發現不僅是你的工作改變了，同事、上司、老闆對你的看法也改變了，你離成功更近了，你對於老闆變得不可替代了。

　　有時，無須老闆一而再、再而三的告訴你要做些什麼，你可以主動調整你的工作，在完成本職工作的基礎上，向更高的工作目標挑戰，熟悉更

多其他的工作。當你完全能夠勝任更好的工作時，你就獲得了成功。當你的工作態度改變，你對於老闆的重要性改變時，你的人生也將隨之改變。

站在公司的角度看問題，要求我們能夠堅持正確的事情。

同時，作為一名合格的老闆，必須支持下屬的工作，支持正確的事；作為優秀的員工，更需要勇於挑戰權威，站在公司的立場，堅持正確的事情。員工對公司有承諾、有責任，面對公司的利益，任何堅持「正確的人」而非「正確的事」的行為都背離了正確做事的原則。

▎把公司利益放在第一位

公司是大家的生存平臺，個人利益不能與之發生衝突，一旦發生衝突就必須在理解的基礎上進行避讓。這樣做的原因是：當大家的生存平臺被破壞之後，個人的利益根本無從談起。

一個優秀的員工首先應該是視公司利益為第一的人。任何時候，他絕不會以公司的名義去謀取私利；任何時候，他都保守公司的商業祕密，絕不出賣公司的利益。他不會為了薪資的高低而對工作敷衍了事，也不會對工作任務沉重而有任何怨言。

在正常情況下，大多數員工都能夠做到以公司的利益為先，但是當公司的利益和個人的利益衝突時，當堅持公司的利益可能為個人帶來潛在的損失時，你是否還能夠堅持以公司利益為先？

對於一名時刻站在老闆的立場上考慮問題的員工來說，時刻以公司利益為先，已成為他們的一種高度的自覺，可以說，他們正是那些真正把像老闆一樣思考的工作理念落到實處的人。

在公司中我們經常遇到這樣的情況，你本應當站在公司的立場上說出

第五章　與公司共命運

自己的想法和見解，或是你本應該從公司的利益出發來實施某些措施，然而因為你的立場和措施可能會改變公司長期存在的一些習慣，甚至觸犯了他人的既得利益，所以你不得不放棄自己的立場，取消措施的實施。甚至可能你就是那個因為不願意改變現狀或不願意失去現有利益，而反對某些好的措施得以實施的人。

無論是被動的妥協還是主動的干涉，都不是一個優秀員工的所為。

現代企業內部的矛盾很多，員工與公司的矛盾、員工與員工的矛盾、各部門和分支機構之間的矛盾，總是不可避免的。顯然，如果企業內部的矛盾過於激烈，就會影響企業的整體利益，弱化企業的競爭力。實際上，不論是員工與公司的矛盾，還是部門之間的矛盾，歸根到底都由人決定。因此，要想避免出現內部矛盾，首先必須要求員工有廣闊的胸懷，時時處處以企業的整體利益為重，而不是片面追求部門利益或個人利益。用一種寬容的態度，掌握最為關鍵的矛盾，提出最有效最可行的解決方案。

最後，我們將一家公司員工使命宣言中有關公司利益為先的內容摘錄如下，以供參考。

我承諾，即使公司利益與個人利益相衝突，我仍然站在公司的立場，以公司利益為先。

如果發現公司存在問題，或某項措施的實施有欠妥當，我能夠及時將問題向相關部門反映，而不是首先顧及這樣做是否會觸犯他人利益。

如果公司中其他員工的言行客觀上觸犯了我的利益，只要他的出發點是以公司利益為先，我將表示理解，並誠懇的採納相應的建議和措施。

我願意積極推動各種有利於公司發展的變革，無論這些變革是否與我個人利益相衝突。我相信首要的問題是公司應該向什麼方向發展，其次才是在這種變革中，我有能力獲得什麼樣的機會。

▌全心全意的熱愛你的公司

愛生於內心，是一種持久影響一個人的行動的力量。愛的力量是驚人的。就像你愛一個人，可以為他做出很多，卻不會覺得苦與累，反而覺得是一種榮光。如果你能熱愛你的公司，你的工作狀態一定是熱情澎湃的。

熱愛公司不只是一種想法、一種觀念，更是一種行動。要在任何時刻都要表現出你對公司的熱愛，如果你討厭你的公司，或者僅僅把公司當成你謀生的場所，那麼我勸你盡快辭職，因為這麼做不僅是對你的老闆的一種傷害，更是對你自己心靈的一種傷害。其實，除了家庭，我們每天在公司工作的時間是最多的，我們應該像熱愛家庭一樣熱愛公司。

瑪麗是紐約一家公司的普通職員，因為學歷不高，公司分配給她的任務就是每天接聽電話，記錄客戶反映的情況，但是她卻做得更多。每天，她總是提前半個小時就到辦公室，當其他同事來上班的時候，她已經把辦公室打掃得乾乾淨淨，辦公桌也被她擦拭過了，整個辦公室因為有了她而變得更加清潔和美觀。在工作上，她總是盡自己最大的能力多做一些，在她的眼裡，完成自己的任務還遠遠不夠，她總是想方設法多為公司做一些事情，她這樣對我說道：「我愛我的公司，它已經成為我生命的一部分。」

我覺得每個公司的職員都應該向瑪麗學習，也許你比她更有能力，也許你比她更有學識。但是，如果你沒有瑪麗這種熱愛公司的精神，你是難以在公司裡獲得卓越的成績的。我生平最瞧不起的人就是那種自以為自己有很高的能力，卻不屑於做普通工作的人，他們到哪裡都是眼睛只盯著薪水，而且還只想做輕鬆的工作，這樣的人永遠也不會有任何成就。

那些以自我為中心的人，他們時刻看到的只是自己所消耗的時間得到了多少金錢的補償，而從來沒有想過自己為公司做出了多大的貢獻。對這樣的

第五章　與公司共命運

人來說，工作是一種負擔而不是一種責任。這種人在生活中總是見不到陽光，他們身上充滿了焦躁、厭倦、懶散，成功只是他們做夢時的一種專利。

我們在公司工作一天，就應該熱愛公司，把公司當成自己的家，哪怕哪天離開了公司，也絕不說公司的壞話，因為這樣的人在哪個公司都會受到歡迎。

對於初進公司的職員們，要成為 ── 個熱愛公司的職員，應該努力做到如下幾點：

· **把公司當成自己的家**

應該像對待家一樣對待你的公司，愛護公司的每一樣物品，時刻維護公司的聲譽。因為，公司的命運將決定你的命運，如果公司發達了，你也會得到發展。一旦公司衰敗，你將會失去工作，而且很多公司都不願意聘用那些倒閉的公司的員工。因為，一個公司的倒閉一定和這個公司的員工息息相關。

· **為公司多做一些**

很多成功的人士都這麼忠告年輕的職員，在這裡我還是要老調重彈，努力為公司多做一些！我們身邊有很多人，他們連自己的本職工作都做不好，等待這種人的往往是失業。還有一些人，自以為自己把工作已經做得很出色了，但從來沒有想過再多做一些，而是整日抱怨自己怎麼還沒有得到升遷。只有一種人，那就是不僅把本職工作做得很出色，而且時刻想著「我能為公司多做些什麼」，並且付諸於行動的人，他們會得到老闆的認可，並且很快會得到提拔。

· **時刻把公司利益放在第一位**

這點我們前面已經說過了，不再贅述。

‧ 努力維護公司的形象

有一位父親這樣教導自己的孩子：「永遠不要說發給你薪水的人的壞話。」作為員工，不僅要做到這一點，還要時刻維護自己公司的形象，不要讓別人這樣說：「某公司雖然有名，但那些員工的素養卻很低。」越是優秀的公司，公司的員工也就越懂得維護公司的形象，無論是在什麼時候，你都應該想到這一點。

第五章　與公司共命運

第六章
融入團隊之中

第六章　融入團隊之中

　　籃球場上，比拚的不是個人的實力，而是團隊的整體實力。喬丹時代的芝加哥公牛隊是何等威風！但如果沒有皮朋（Scottie Pippen）、羅德曼（Dennis Keith Rodman）、科爾（Steve Kerr）、朗利（Luc Longley）、庫科奇（Toni Kukoč）、格蘭特（Horace Grant）等傑出的運動員和喬丹並肩作戰，不可能成就芝加哥公牛隊兩個三連冠的霸業。可以說，沒有喬丹時代的那支優秀的團隊，就沒有芝加哥公牛隊 1990 年代的輝煌。

　　民諺有云：就算你渾身是鐵，又能打幾根釘？從古到今，任何時代，人們都需要英雄，需要英雄崇拜。但是，任何時代，英雄的業績都不是一個人創造的。特別是在 21 世紀的今天，各種事業的牽涉面更加廣泛，對於團隊合作能力的要求更加高了。

　　時代需要英雄，更需要偉大的團隊。

▍呼喚團隊精神的回歸

　　企業的核心競爭力到底是什麼？一位管理學院的教授認為：企業的核心競爭力有五大特徵：偷不去、買不來、拆不開、帶不走和流不掉。優秀的團隊精神才是企業真正的核心競爭力。一個企業如果沒有團隊精神，將成為一盤散沙；一個民族如果沒有團隊精神，也將無所作為。

　　在知識經濟時代，競爭已不再是單獨的個體之間的爭鬥，而是團隊與團隊的競爭、組織與組織的競爭，任何困難的克服和挫折的平復，都不能僅憑一個人的勇敢和力量，而必須依靠整個團隊。

　　有一位英國科學家把一盤點燃的蟻香放進了蟻巢裡。

　　剛開始，巢中的螞蟻驚慌萬分，過了十幾分鐘後，便有螞蟻向火衝去，對著點燃的蟻香，噴射自己的蟻酸。由於一隻螞蟻能射出的蟻酸量十

分有限,所以很多「勇士」葬身火海。但是,「勇士」們的犧牲並沒有嚇退蟻群,相反,又有更多的螞蟻投入「戰鬥」之中,牠們前仆後繼,幾分鐘便將火撲滅了。活下來的螞蟻將戰友們的屍體移送到附近的一塊墓地,蓋上薄土安葬了。

過了一段時間,這位科學家又將一支點燃的蠟燭放到了那個蟻巢裡。雖然這一次的「火災」更大,但是螞蟻已經有了上一次的經驗,牠們很快便協同在一起,有條不紊的作戰,不到一分鐘,燭火便被撲滅了,而螞蟻無一殉難。

從螞蟻撲火的實驗中可以看出,個體的力量是很有限的,而團隊的力量則可以實現個人難以達成的目標。

人也是一樣。每一個公司都類似於一個大家庭,其中的每一位成員都僅僅是其中的一分子,每個人單獨可以做好的事情很少,而且效率和品質都極低。但如果幾個人組成一個團體,就可實現協同合作,從而使整個組織的戰鬥力得以提高。所以,團隊精神是相當重要的。只有具備團隊精神才能創造更多的價值、更大的效益。每個人的價值也會因為團隊合作而變得更大,更加引人注目。因此,可以毫不誇張的說,只有對團隊認真負責的人,才能對自己的人生和事業負責。

那麼究竟什麼才是團隊精神呢?很多人認為團隊精神就是與別人一起去做某件事。事實上,這種認知太過膚淺和狹隘了。正是因為對團隊精神的膚淺理解,使得很多標榜自己善於與人合作的人並未獲得真正的成功。團隊精神的核心是無私和奉獻精神,是主動負責的意識,是與人和諧相處、充分溝通、交流意見的智慧。它不是簡單的與人說話,與人共同做事,而是不計個人利益,只重團隊整體的奉獻精神。

最能展現團隊精神的真正內涵的莫過於登山運動。

# 第六章　融入團隊之中

在登山的過程中，登山運動員之間都以繩索相連，假如其中一個人失足了，其他隊員就會全力挽救。否則，整個團隊便無法繼續前進。但當所有隊員絞盡腦汁，試了所有的辦法仍不能使失足的隊員脫險的時候，只有割斷繩索，讓那個隊員墜入深谷，只有這樣，才能保住其他隊員的性命。而此時，割斷繩索的常常是那名失足的隊員。這就是團隊精神。

所以，要想具備團隊精神，首先就要檢視自己的靈魂，只有高尚的、無私的、樂於奉獻的、勇於負責的靈魂，才能具備這一致勝的優點。

一個人沒有團隊精神將難成大事；一個企業如果沒有團隊精神將成為一盤散沙；一個民族如果沒有團隊精神也將難以強大。現代企業的競爭就是團隊間的競爭，就是團隊合作能力的競爭。精誠合作的團隊精神是企業成功的保證。

▎一切成就來自於團隊合作

比爾蓋茲和他的微軟公司能在今天稱雄於軟體王國，其成功的祕笈自然不是三言兩語能歸納出來的。但其中有一條是非常重要的，那就是他擁有一支熱情團隊。作為世界首富、IT界的菁英、商業界的英雄，蓋茲的重大成就令世人讚嘆，而他帶領的微軟團隊更是讓人嘆為觀止。微軟最成功的不是做軟體，而是建立團隊，蓋茲則是微軟公司建立團隊的高手中的高手。微軟從創業之初就注重高效團隊的打造。蓋茲非常清楚在「當今瞬息萬變的市場」裡，僅僅擁有各自為戰的人才是遠遠不夠的。公司需要高度的團隊合作精神來使資訊得到廣泛的共享，讓每一個員工的工作都可以「建立在大家共同努力的基礎之上」。

團隊是一種為了實現某一目標而由相互合作的個體組成的正式群體。因此，所有的工作團隊都是群體，但只有正式群體才能成為工作團隊。

二十幾年前,當 Volvo 富豪、豐田等公司把團隊引入它們的生產過程中時,曾轟動一時,成為新聞焦點,因為當時沒有幾家公司這樣做。

在廣袤的非洲大草原上,三隻小鬣狗一同圍追一匹大斑馬。面對著身材高大的斑馬,三隻小鬣狗一擁而上,一隻小鬣狗咬住斑馬的尾巴,一隻小鬣狗咬住斑馬的鼻子,無論斑馬怎麼掙扎反抗,這兩隻小鬣狗都死死咬住不放,當斑馬前後受敵、疼痛難忍時,一隻小鬣狗就開始啃牠的腿,終於,斑馬支撐不住倒在了地上。一匹大斑馬就這樣被三隻小鬣狗吃掉了。

三隻小鬣狗之所以能夠擊敗大斑馬,不僅由於牠們自身的優秀,還在於牠們組成了一支優秀的團隊,並分工合作,致力於共同的目標。

在專業化分工越來越細、競爭日益激烈的現代職場,靠一個人的力量是無法面對千頭萬緒的工作的。如果你能把自己的能力與別人的能力結合起來,就會獲得令人意想不到的成就。一位哲人曾說:你手上有一個蘋果,我手上也有一個蘋果,兩個蘋果交換後,每人仍然只有一個蘋果。但是,如果你有一種能力,我也有一種能力,兩人交換的結果,就不再是一種能力了。

一加一等於二,這是人人都知道的算術題,可是用在人與人的團結合作上,所創造的業績就不再是一加一等於二了,而可能是一加一等於三、等於四、等於五……團結就是力量,這是再淺顯不過的道理了。

一個人是否具有團隊合作的精神,將直接關係到他的工作業績。幾乎所有的大公司在應徵新人時,都十分注意人才的團隊合作精神,他們認為一個人是否能和別人相處與合作,要比他個人的能力重要得多。

一個沒有團隊精神的人,即使個人工作做得再好也無濟於事。因為在這個講究合作的年代,真正優秀的員工不僅要有超人的能力、驕人的業績,更要具備團隊精神,為團隊整體業績的提升做出貢獻。一個人的成功是建立在

第六章　融入團隊之中

團隊成功的基礎上的，只有團隊的績效獲得了提升，個人才會受到嘉獎。

所以作為公司的一員，只有把自己融入到整個公司之中，憑藉整個團隊的力量，才能把自己所不能完成的棘手的問題解決好。當你來到一個新的公司，你的上司很可能會分配給你一個難以完成的工作。上司這樣做的目的就是要考驗你的合作精神，他要知道的是你是否善於合作、善於溝通。如果你不言不語，一個人費勁的摸索，最後的結果只能是「死路」一條。明智且能獲得成功的捷徑就是充分利用團隊的力量。

相傳佛教創始人釋迦牟尼曾問他的弟子：「一滴水怎樣才能不乾涸？」弟子們面面相覷，無法回答。釋迦牟尼說：「把它放到大海裡去。」

個人再完美，也就是一滴水；一個團隊、一個優秀的團隊就是大海。一個有高度競爭力的組織，包括企業，不但要求有完美的個人，更要有完美的團隊。

▎企業不需要羅賓漢式的獨行俠

在一個團隊或一個公司中，如果只強調個人的力量，你表現得再完美，也很難創造很高的價值。現在企業不需要羅賓漢式的獨行俠，「沒有完美的個人，只有完美的團隊」—— 這一觀點被越來越多的人所認可。

個人英雄主義是團隊合作的大敵。如果你從不承認團隊對自己有幫助，即使接受過幫助也認為這是團隊的義務，你就必須拋棄這一愚蠢的態度，否則只會使自己的事業受阻。

亨利是一家行銷公司的業務員。他所在的部門曾經因為團隊精神而創造過奇蹟，而且部門中每一個人的業務成績都特別突出。

後來，這種和諧而又融洽的合作氛圍被亨利破壞了。

　　原來，公司的高層把一個重要的專案安排給亨利所在的部門，亨利的主管反覆斟酌考慮，猶豫不決，最終沒有拿出一個可行的工作方案。而亨利則認為自己對這個專案有十分周詳而又容易操作的方案。為了表現自己，他沒有與主管商量，更沒有貢獻出自己的方案，而是越過他，直接向總經理說明自己願意承擔這項任務，並提出了可行性方案。

　　他的這種做法嚴重的傷害了部門經理，破壞了團隊精神。結果，當總經理安排他與部門經理共同執行這個專案時，兩個人在工作上不能達成一致意見，產生了重大的分歧，導致團隊中出現分裂，專案最終流產了。

　　要想獲得成功，你就應該學會與人合作，而不是單獨行動。只有把自己融入到團隊中才能獲得更大的成功。融入團隊必須要有團隊意識，摒棄「獨行俠」的思想，與「狂妄」、「清高」、「剛愎自用」堅決作別，代之以「眾人拾柴火焰高」、「眾志成城」、「齊心協力」的團隊意識。

　　現代年輕人在職場中普遍表現出的自負和自傲，使他們在融入工作環境方面顯得緩慢和困難。他們缺乏團隊合作精神，不願和同事一起想辦法，每個人都會做出不同的結果，最後對公司毫無益處。

　　事實上，個人的成功不是真正的成功，團隊的成功才是最大的成功。對上班族來說，謙虛、自信、誠信、善於溝通、富有團隊精神等一些傳統美德是非常重要的。團隊精神在一個公司，在一個人的事業發展中都發揮著舉足輕重的作用。

　　那麼支柱型員工如何才能加強與同事間的合作，提高自己的團隊合作精神呢？

· **要善於溝通**：同在一個辦公室工作，你與同事之間會存在某些差異，知識、能力、經歷造成你們在對待工作時，會產生不同的想法。交流是協

第六章　融入團隊之中

調的開始，把自己的想法說出來，聽聽對方的想法，支柱型員工要經常說這樣一句話：「你認為這件事該怎麼做，我想聽聽你的想法。」

- **要平等互助**：即使你各方面都很優秀，即使你認為自己以一個人的力量就能解決眼前的工作，也不要顯得太狂傲。要知道還有以後，以後你並不一定能完成一切。還是做個朋友吧，平等的對待對方。
- **要樂觀自信**：即使是遇上了十分麻煩的事，也要樂觀，支柱型員工要對你的夥伴們說：「我們是最優秀的，一定可以把這件事解決好，如果成功了，我請大家喝一杯。」
- **要勇於創新**：一加一大於二，但你應該讓它得數更大。培養自己的創造能力，不要囿於常規，安於現狀，試著發掘自己的潛力。支柱型員工除了能保持與人合作以外，還需要所有人樂意與你合作。
- **要善待批評**：請把你的同事和夥伴當成你的朋友，坦然接受對你的批評。一個對批評暴跳如雷的人，每個人都會敬而遠之的。

在同一個辦公室裡，同事之間有著密切的關聯，誰都不能脫離群體單獨的生存。依靠群體的力量，做合適的工作並成功者，不僅是個人的成功，同時也是整個團隊的成功。相反，明知自己沒有獨立完成的能力，卻被個人欲望或感情所驅使，去做一個根本無法勝任的工作，那麼失敗一定不可避免，而且還不僅是你一個人的失敗，同時也會牽連到周圍的人，進而影響到整個公司。

賈伯斯 22 歲就開始創業，從赤手空拳打天下，到擁有 2 億多美元的財富，他僅僅用了 4 年時間。不能不說賈伯斯是一個有創業天賦的人，然而賈伯斯卻因為從來都獨來獨往，拒絕與人團結合作而吃盡了苦頭。

他驕傲、粗暴，瞧不起手下的員工，像一個國王高高在上，他手下的員工都像躲避瘟疫一樣躲避他，很多員工都不敢和他同乘一部電梯，因為

他們害怕還沒有出電梯之前就已經被賈伯斯炒魷魚了。

就連他親自聘請的高階主管 —— 優秀的經理人、原百事可樂公司飲料部總經理史考利（John Sculley）都公然宣稱：「蘋果公司如果有賈伯斯在，我就無法執行任務。」

對於兩人勢同水火的形勢，董事會必須在他們之間決定取捨。當然，他們選擇的是善於團結員工和能把員工擰成繩的史考利，而賈伯斯則被解除了全部的領導權，而保留董事長一職。

對於蘋果公司而言，賈伯斯確實是一個大功臣，是一個才華橫溢的人才。如果他能和手下員工團結一心的話，相信蘋果公司是戰無不勝的，可是他卻選擇了孤立獨行，這樣他就成了公司發展的阻力，才華越大，對公司的負面影響就越大。所以，即使是賈伯斯這樣的出類拔萃的老員工，如果沒有團隊精神，公司也只好忍痛捨棄。

隨著企業規模的日益龐大，企業內部分工也越來越細，任何人，不管他有多麼優秀，想僅僅靠個體的力量來左右整個企業都是不可能的。

現代企業不需要羅賓漢式的獨行俠，一個員工，只有充分的融入到整個企業、整個市場的大環境當中，他才能充分的發揮能量，才能創造最大的經濟效益。

▎扮演好自己在團隊中的角色

與人合作的前提是找準自己的位置，扮演好自己的角色，這樣才能保證團隊工作的順利進行。若站錯位置，亂做工作，不但不會推進整體的工作進程，還會使整個團隊陷入混亂。

團隊要想創造並維持高績效，員工能否扮演好自己的角色是關鍵也是根本，有時它甚至比專業知識更加重要。

第六章　融入團隊之中

要想扮演好自己在團隊中的角色，必須做到以下幾點：

- **總讓團隊出頭做「好人」**：在工作中，不要直接否決團隊的決定，始終讓團隊作為與客戶打交道的主體。如果可能的話，也要讓團隊與上級打交道。如果你不得不插手，就公開支持自己的團隊。實在需要做出什麼改動，那就與團隊成員私下解決，並把功勞讓給團隊。讓客戶覺得在你這裡得到的承諾，遠不如在團隊那裡得到的多，最好讓上級也產生同感，這樣，他們就會養成與團隊直接打交道的習慣。站在員工個人的角度來講，直接和團隊打交道可以使工作更加輕鬆；站在團隊的角度講，讓團隊成為主體可以使團隊的運作更有效率 —— 真正的一舉兩得。

- **主動尋找團隊成員的積極特質**：在一個團隊中，每個成員的優缺點都不盡相同，你應積極尋找團隊中其他成員的優秀特質，並且向其學習，使自己的缺點和消極特質在團體合作中減少甚至消失。在提升自己的同時，提升團隊成員之間合作的默契程度，進而提升團隊執行力。團隊強調的是協同，較少有命令和指示，所以團隊的工作氣氛很重要，它直接影響著團隊的工作效率。如果你積極尋找其他成員的積極特質，那麼你與團隊的合作就會變得更加順暢；你自身工作效率的提高，也會使團隊整體的工作效率得到提高。

- **要時常檢查自己的缺點**：改變工作角色之後，你應該時常檢查自己的缺點。比如自己是否依舊對人冷漠，或者依舊言辭鋒利。這是扮演好團隊成員角色的一大障礙。團隊工作需要成員之間不斷進行互動和交流，如果你固執己見，難與他人達成一致，你的努力就得不到其他成員的理解和支持，這時，即使你的能力出類拔萃，也無法促使團隊創造出更高的業績。

如果你意識到了這些缺點，不妨透過交流坦誠的講出來，承認缺點，讓大家共同幫助你改進。不必擔心別人的嘲笑，你得到的只會是理解和幫助。

新一代的優秀員工必須樹立以大局為重的全局觀念，不斤斤計較個人利益和局部利益，將個人的追求融入到團隊的整體目標中去，從自發的遵從到自覺的培養，最終實現團隊的最佳整體效益。

將個人的目標融入團隊目標

在自然界中，有一個團隊是值得我們學習的，那就是雁群。科學家發現，當雁群成「V」字形飛行時，群體中的大雁要比孤雁節省體力，相對也就有了更持久的飛行能力。這種擁有相同目標的合作夥伴型的關係，可以彼此互動，使團隊更容易到達目的地。這好比員工融入公司的整體目標，公司才能體會到團隊力量。

任何團隊都有其確定的目標，團隊裡的每一個成員都是為了完成這個目標而工作的。團隊的目標是人們共同的目的地，為了這個目標，人們彼此協調，並肩作戰。

團隊中的每一個成員都要樹立團隊目標至上的信念。只有整個團隊的目標達到了，團隊的業績提高了，自己的才能才會得到最大限度的發揮，人生價值才能得到最大限度的實現。

一位商業人士在談到專業經理人的操守時強調，經理人不能以個人利益為導向，要以團隊的利益為重。

其實不僅是經理人，團隊中的每個人都應以團隊利益為重，尤其是在遇到困難時，團隊成員之間互助合作的優勢便發揮出來了，只有這樣，我們的團隊目標才能很快的實現。正所謂眾人拾柴火焰高，團隊成員各盡其力，我們的事業之火才能越燒越旺。

第六章　融入團隊之中

　　聞名世界的西點軍校在學員訓練方面有一項重要的內容，就是要培養學員把個人目標融入團隊目標的精神。在西點軍校巴克納野戰營，有一個活動，是把學生分成 35 人左右的小組，大約是一個排的規模，讓各組在幾個小時之內完成組合橋梁的任務，這是必須靠團隊合作才能完成的任務。這種活動組合橋，每一塊橋面和梁柱都有幾百公斤重，光要抬起一塊橋面，就需要一群人的力量。在戰場上，搭建這類的組合橋多半都有具體、迫切的目標，或是恢復重要物資的運輸、逃避敵人的追擊、進攻殲滅敵人，這些生死攸關的情況自然會產生迫切感。要是沒有這樣的目標，要激發學生的士氣，合力搬起三、四百公斤的大橋墩，並不是很容易的事情。

　　因此，他們建立了一個假想的目標，對「敵人」重新定義。現在各組互相競爭，看哪一隊先把橋搭好。這樣的動機在企業界也很常見，「adidas」的主管可能告訴員工以打敗「NIKE」為目標，或是像「IWS」長久以來一直努力想趕上「Hertz」，成為租車業的龍頭。這是有效的競爭，這種競爭有助於目標的達成，因為團隊所追求的目標不僅對每一個成員很重要，同時對整個團隊也很重要。結束巴克納野戰營的時候，學生不僅完成了各項團隊目標，同時也體驗到團隊合作的重要。而更重要的一點，也許在於他們對自己的小組產生了認同和歸屬感。西點軍校的傳統儀式，更進一步加強了這樣的認同和歸屬感。

　　在野戰營的最後一天，學員要全副武裝行軍到波波洛本湖，接受最後一項信心課程，其中一段活動是眾所周知的難關「鯉魚躍龍門」。這是西點最有名的驚險之旅，學員必須從梯子爬上 24 公尺的高塔頂端，然後雙手握住鋼索上的滑輪，滑到湖的對岸去，全身重量都只靠雙手支撐。而在快到對岸的時候，必須鬆開雙手落入水中，自己爬上岸去。接下來是爬竿，走過一段約 8 公尺的獨木橋，然後抓住水面上的繩索慢慢前進。聽到

命令的時候，立刻要鬆手跳入湖水中。等到他們溼漉漉的浮出水面，野戰營的訓練就大功告成了。

突破了暑假 6 星期的野戰營嚴格要求，學員內心的成就感就像新生通過野戰營的時候一樣，自信心也大大增強。最後各組行軍 20 公里回到校區，在大操場上接受校長和其他人的鼓勵，他們的努力和成績都受到肯定。這對學員而言，更進一步提高了他們的自信心。此外，也有具體的獎勵。在結訓典禮上，每一位新生都會升級為學員下士。在軍中，下士是帶領士兵的最低軍階。這次晉升對學員意義重大，付出的心血越大，所得的果實才更甘美。每一位學員都經過了一年的辛勤和努力，才得到這第一次的晉升，也就是說西點軍校公開肯定這些新生已經足以交付領導其他低年級學員的責任。升上二年級之後，每位學員就要負責帶領一、兩名新生。

拿破崙認為，人類最偉大的領袖，就是那些知道怎樣為自己和部下創造一個共同敵人的人。一個團隊意識強的員工應當深知團隊目標，即「共同的敵人」對個人目標的意義，自覺的將個人精力投入到團隊的目標中去。

在這個個性張揚、共性奇缺的時代，許多企業的老闆越來越重視具有團隊意識的員工。他們說：「我們越來越迫切需要更多、更有效的具有團隊精神的員工來提高我們的士氣。」

微軟公司的一位人力資源主管指出：「現代年輕人在職場中普遍表現出來的自負和自傲，使他們在融入工作環境方面顯得緩慢和困難。他們缺乏團隊合作精神，專案都是自己做，不願和同事一起想辦法，每個人都會做出不同的結果，最後對公司一點用也沒有。」

對企業而言，一個人的成功不是真正的成功，團隊的成功才是最大的成功。一個人要想在工作中做出成就，必須善於利用他人的力量，將個人追求融入到團隊目標中。

▌團隊默契合作需要良好溝通

合作離不開溝通，否則就成了你做你的，我做我的。有些員工認為：既然合作雙方都受益匪淺，那麼我就與同事進行合作不就得了，到時我告訴對方某項工作需要我們共同完成就行了。其實與人合作不是這麼簡單的事，並不是你想與別人合作，別人就很樂意與你合作，也許他會推辭、不理會，甚至拒絕你的提議。那麼你又該如何是好呢？這就需要培養你善於與人合作的技巧，使別人願意與你合作。

你的工作需要得到大家的支持和認可，而不是反對，所以你必須讓大家喜歡你。除了和大家一起工作外，還應該盡量和大家一起去參加各種活動，或者禮貌的關心一下大家的生活。總之，你要使大家覺得，你不僅是他們的好同事，還是他們的好朋友。

團隊中的任何一位成員都可能是某個領域的專家，所以你必須保持足夠的謙虛。任何人都不喜歡驕傲自大的人，這種人在團隊合作中也不會被大家認可。

你可能會覺得在某個方面他人不如你，但你更應該將自己的注意力放在他人的強項上，只有這樣才能看到自己的膚淺和無知。謙虛會讓你看到自己的短處，這種壓力會促使自己在團隊中不斷的進步。

人與人之間的溝通應直截了當，心裡想到什麼說什麼，不要把簡單的問題複雜化，這樣會減少溝通中的誤會。言不由衷，會浪費了大家的寶貴時間；瞻前顧後，生怕說錯話，會變成謹小慎微的懦夫；更糟糕的是還有些人，當面不說，背後亂講，這樣對他人和自己都毫無益處，最後只能是破壞了群體的團結。

正確的方式是提供有建設性的正面意見，在開始討論問題時，任何人

先不要拒人千里之外，大家把想法都擺在桌面上，充分表現每個人的觀點，這樣才會有一個容納大部分人意見的結論。

如果員工之間處於一種無序和不協調的狀態之中，雙方之間互相推諉責任以致各種力量被互相抵消，「既然我做不成，那麼我也不讓你做成」，這樣內耗既消耗了別人力量，也消耗了自己的實力。因此，要實現雙方合作關係，就必須杜絕自己有上述想法或行為出現，爭取在不損害自己利益的基礎上也充分保證對方利益。

為此，員工就必須做到：發揮主觀能動性，勤於學習，重視理論與知識的獲取；勇於實踐，在實踐中增長才能，並且善於總結，以累積經驗，吸取教訓，從而增強團結觀念；時時反省、剖析自我，增強自我調控的能力，注重團結，扎扎實實做事；容人容言，提高心理承受能力；既要有坦蕩胸襟，容人之量，又要有心理承受能力，以事業為重，寵辱不驚。這樣就不會陷入內耗的漩渦而不能自拔。

一位品質管理大師的「14 點管理法則」其中之一就是：「消除部門與部門間的障礙。」為什麼要消除障礙？因為企業是一個有機的系統，任何一個局部都在某種程度上對整體產生影響，因此，必須要講團隊精神和合作精神。怎樣才能拆除障礙？答案是：不同的層次和職能之間有效的溝通。

溝通意識的培育是第一位的，溝通技巧是第二位的。溝通意識到位了，人人主動的進行溝通是水到渠成的事，在溝通中學習溝通，溝通技巧也就自然能不斷提高了。在實際工作中存在著不少的誤區，其根源還是在於溝通意識的不足。

有時人們會深陷溝通不暢的惡性循環而茫然不知。部門之間、員工之間溝通不暢帶來的後果只有一個，那就是彼此間的誤會、懷疑、猜忌和敵

意，而這些又反過來增加了溝通的難度。如此循環反覆，效率怎能提高？品質怎能保證？這就需要溝通。

一個人不能容忍另類思維也會阻礙溝通。其實，在追尋真理的過程中，我們在不斷重複著「瞎子摸象」的遊戲，也許你摸到了「牆」，我摸到了「繩子」，他摸到了「柱子」……把這些整合起來，我們才能距真理更近一些，再近一些。怎樣才能做到？這就需要溝通。

溝通受到障礙還源自溝通一方的不夠謙虛。若不能摒棄「菁英情結」，總認為自己見識高人一籌，能與人有效溝通嗎？須知術業有專攻，在一個領域你是專家，換個領域說不定你就是個學生了。

當然，溝通者過於自卑也會造成溝通障礙。溝通者總覺得自己是小角色，職位低，見識淺，於是只知道自己有耳朵，忘了自己還有嘴巴。

溝通不能過於迷信溝通技巧，溝通其實並不神祕。作為訊息發送者，要大膽的表達你的想法，不論是用嘴，用筆，或其他手段。作為訊息接受者，要虛心的聽，不論這訊息是聲音，是文字，或是其他，一切以能達到彼此交流想法為目的。

溝通讓誤會、懷疑、猜忌和敵意遠離，讓共識、理解、信任和友誼走近，從而能夠共同分享工作帶來的充實和愉悅。

最親切、最有效的交流方式是面對面的交流，透過面對面的交流，你可以直接感受到對方的心理變化，在第一時間正確的了解對方的真實想法，從而達到快速有效的溝通。

達納公司是一家生產諸如銅製螺旋槳葉片和齒輪箱的普通公司，主要滿足汽車和曳引機行業普通二級市場的需求，擁有 30 億美元的企業。麥斐遜（McPherson）接任公司總經理後，他做的第一件事就是廢除原本厚達 57 公分的政策指南，代之而用的是只有一頁篇幅的宗旨陳述。其中有

一項是：面對面的交流是連結員工、保持信任和激發熱情的最有效的手段。關鍵是要讓員工們知道並與之討論企業的全部經營狀況。

麥斐遜非常注重面對面的交流，強調與所有人討論所有問題。他要求各部門的管理機構和本部門的所有成員之間每月舉行一次面對面的會議，直接而具體的討論公司每一項工作的細節情況。

麥斐遜非常注重培訓工作和不斷的自我完善，僅達納大學，就有他的數千名員工在那裡學習，他們的課程都是務實和實用的，但同時也強調人的信念，許多課程都由老資格的公司總經理講授。在他看來，沒有哪個職位能比達納大學董事會的董事更令人尊敬的了。

麥斐遜掌管達納公司的幾年裡，在並無大規模資本開銷的情況下，它的員工每人平均銷售額已猛增了 3 倍，一躍成為《財富》雜誌按投資總收益排列的 500 家公司中的第 2 位。這對於一個身處如此乏味的行業的大企業來說，的確是一個非凡紀錄。

成功者的道路有千千萬萬，但總有一些共同之處。在「傑出員工的童年與教育」調查中，專家發現，傑出員工大多數是善於與他人團結合作的人，團結合作是許多成功人士的共同特性。

合作是一件快樂的事情，有些事情人們只有互相合作才能做成，憑一人之力是不能完成的。美國加州大學一位副教授對美國 1,500 名獲得了傑出成就的人物進行了調查和研究，發現這些有傑出成就者有一些共同的特點，其中之一就是與自己而不是與他人競爭。他們更注意的是如何提高自己的能力，而不是考慮怎樣擊敗競爭者。事實上，對競爭者的能力（可能是優勢）的擔心，往往導致自己擊敗自己，多數成就優秀者關心的是按照他們自己的標準盡力工作，如果他們的眼睛只盯著競爭者，那就不一定獲得好成績。

第六章　融入團隊之中

　　幫助別人就是強大自己，幫助別人也就是幫助自己，別人得到的並非是你自己失去的。在一些人的固有的思維模式中，一直認為要幫助別人自己就要有所犧牲；別人得到了自己就一定會失去。比如你幫助別人提了東西，你就可能耗費了自己的體力，耽誤自己的時間。

　　其實很多時候幫助別人，並不就意味著自己吃虧。下面的這個故事就生動的闡釋了這個道理：

　　有一個人被帶去觀賞天堂和地獄，以便比較之後能聰明的選擇他的歸宿。他先去看了魔鬼掌管的地獄。第一眼看去令人十分吃驚，因為所有的人都坐在餐桌旁，桌上擺滿了各種佳餚，包括肉、水果、蔬菜。

　　然而，當他仔細看那些人時，他發現沒有一張笑臉，也沒有伴隨盛宴的音樂或狂歡的跡象。坐在桌子旁邊的人看起來沉悶，無精打采，而且皮包骨頭。這個人發現每人的左臂都捆著一把叉，右臂捆著一把刀，刀和叉都有 120 公分長的把手，個人不能吃到食物。所以即使每一樣食物都在他們手邊，結果還是吃不到，一直在挨餓。

　　然後他又去天堂，景象完全一樣：同樣的食物、刀、叉與那些 120 公分長的把手，然而，天堂裡的居民卻都在唱歌、歡笑。這位參觀者一下子困惑了。他懷疑為什麼情況相同，結果卻如此不同。在地獄的人都挨餓而且可憐，可是在天堂的人吃得很好而且很快樂。最後，他終於看到了答案：地獄裡每一個人都試圖餵自己，可是 120 公分長的把手的刀叉根本不可能吃到東西；天堂上的每一個人都在餵對面的人，而且也被對面的人所餵，因為互相幫助，結果幫助了自己。這個啟示很明白，如果你幫助其他人獲得他們需要的東西，你也因此而得到想要的東西，而且你幫助的人越多，你得到的也越多。

　　員工在個人生活和職業生活中是否成功，取決於與他人合作得如何。

「合作」一詞指在群體環境中普遍發生的社會關係。群體，一般被定義為一起工作以實現共同目標的一群人。群體的成員互相作用，彼此溝通，在群體中承擔不同的角色，並建立群體的同一性。

有些人較之其他人是更有效的群體成員。群體的成功要涉及一系列複雜的思考和語言能力，而這些能力正是許多人所沒有系統掌握或完全擁有的。那些在社交方面很成熟的人，他們極容易適應任何的群體環境，能與許多不同的個體進行友好的交談，與其他人和諧的、富有誠意的共事，用清楚的和有說服力的觀點影響群體的思考，有效的克服群體的緊張和自我主義，鼓勵群體成員守信，創造性的工作，並能使每一個人集中精力，朝著共同的目標前進。

與他人合作比單獨工作有許多好處。首先，群體成員具有不同的背景和興趣，這可以產生多樣化的觀點，實際上，與他人合作可以產生出任何個人只靠自己所無法具有的創造性的思想。此外，群體成員互相提供幫助和鼓勵，每個人都能貢獻出他或她獨特的技能，團體的一致性和認同感激勵著團體成員為實現共同的目標而努力奮鬥，這是一種「團隊精神」，它能使每個人最大限度的實現自己。

敞開你的胸懷，去容納每一個人

一個籬笆三個樁，一個好漢三個幫，良好的同事關係是事業不可缺少的根據地。經營不好根據地，向外發展純粹是奢談。很難想像一個在同事中間孤立無援的人，能夠把工作做得出色，得人心者得天下，得同事者得事業。

同事，就是一起做事的人。人之所以成為同事，就是為了完成共同的事。可見，同事對一個人是多麼重要。對大部分現代人來說，世界上最美好的事情是有一個好同事，比一個好同事更好的事情是有一群好同事。

第六章　融入團隊之中

當天才遇到天才，互相切磋砥礪，就會放射出更耀眼的光芒。即使是庸才遇到庸才，只要互相取長補短，同樣能如虎添翼，所謂「三個臭皮匠，勝過一個諸葛亮」。優秀的同事就像撐竿，讓你躍過不可能的高度，就像 3D 加速卡，讓你事業的畫面更加生動流暢。

我們要每天帶著感恩、陽光、幽默、愉悅的心情對待身邊的每一位同事，互相都能看到對方的優點，互相都為對方的成功鼓掌。

相聚是一種緣分，來自四面八方的我們，懷著共同的志向，相聚在一起，組成了一個相互緊密連結的群體。在工作中同事們之間相互幫助，密切配合，為一個個艱苦的工作任務而共同努力著，這種默契和合作，以及在工作中形成的深厚友誼是我們的人生財富。

同事之間相處融洽，大家心情愉快，還是提高工作效率的重要保障，也是決定團隊戰鬥力的重要因素。從時間上看，同事就如同家人，甚至比和家人相處的時間還長，彼此之間還有無所不在的競爭，所以，有摩擦是難免的。在相處的問題上，盡量保持一顆開放的心，多照顧別人的感情、情緒，真正的了解和體諒，發自內心的關懷，感情就會自然而然的建立了。要知道這麼做是為別人更是為自己。

當然，同事之間有時也難免有一些大大小小的摩擦，這需要我們用正確的心態去看待，「矛盾是前進的動力，沒有矛盾就沒有發展」，這是辯證法的觀點。也許正是這種矛盾讓你認清了自己，糾正了偏離的人生航向。我們要感謝敵人，因為敵人就像是一面鏡子，讓我們知道自己的缺點所在。這是何等若谷的胸懷啊！連敵人都要感謝，何況是我們朝夕相處的同事呢？

小王和小張在同一家公司的同一個部門工作，她們分別負責銷售統計工作的製單和核單工作，也就是說小王負責填製單據，然後交由小張

核對後，才能發貨。這是兩個關係密切的職位。一天午餐時，小王無意中說了一句話傷害了小張，自己卻未察覺，而小張礙於面子未當面指出，卻耿耿於懷。後來恰逢小王製作單據時出了錯，小張核對時發現了，因在氣頭上，她故意不予指出。結果發錯了貨，對公司造成了損失。小王受到處罰，小張也難逃責罰。事後，小張為自己的心胸狹窄、意氣用事懊悔不已。

在職業生涯中，每個人都會遇到不順心、不如意的事。這時，我們只有保持心胸寬闊的態度，冷靜處理，才能把問題圓滿解決。

· **需要融入同事的愛好之中：**
· 俗話說趣味相投，只有共同的愛好、興趣才能讓人走到一起。有了共同話題後，和同事們相處就會容易得多；和他們閒聊的過程中，也會將自己在工作中的一些感受和他們進行交流，你們之間的工作友誼自然會增進不少。

· **遠離搬弄是非**：為什麼某某總是和我作對？這傢伙真讓人心煩！某某總是和我作對，不知道我哪裡得罪他了！……辦公室裡常常會飄出這樣的流言蜚語；要知道這些流言蜚語是職場中的軟刀子，是一種殺傷性和破壞性很強的武器，這種傷害可以直接作用於人的心靈，它會讓受到傷害的人感到非常厭倦。要是你非常熱衷於傳播一些挑撥離間的流言，至少你不要指望其他同事能熱衷於傾聽。經常性的搬弄是非，會讓其他同事對你產生一種避之唯恐不及的感覺。要是到了這種地步，相信你在這個公司的日子也不太好過，因為到那時已經沒有同事把你當一回事了。

· **低調處理內部糾紛**：在長時間的工作過程中，與同事產生一些小矛盾，那是很正常的；不過在處理這些矛盾的時候，要注意方法，盡量讓你們之間的矛盾公開化。辦公場所也是公共場所，儘管同事之間會

因工作而產生一些小摩擦，不過千萬不要理性處理摩擦事件。不要表現出盛氣凌人的樣子，非要和同事做個了斷、分個勝負。退一步講，就算你有理，要是你得理不饒人的話，同事也會對你敬而遠之的。

▌不要獨占成果，分享才能雙贏

成績也許是你做出來的，但功勞千萬不要獨享。一個喜歡獨享功勞的人，不用多久就會獨吞苦果。

也許有人認為自己所獲得的功勞，都是透過自己的努力而得到的，因此榮譽是自己一個人的。可是，如果沒有團隊裡其他人的支持，你怎麼可能獲得所有你需要的資源？你怎麼能完全發揮資源的價值？你又怎麼能單獨的把所有的事情做完？因此，無論你在成功的過程中自己付出了多少，這裡面一定包含了其他人的支持。

一位銷售主管這個月的業績突出，他所在部門的業務員銷售總額超出了同級部門的兩倍還多，按照公司規定，主管可按業績分紅，得到一筆可觀的獎金。老闆很是為有這樣一位得力助手而高興，也暗自慶幸自己以前沒有看錯人，於是決定在公司開個例會，並把他推為大家的榜樣，以此激勵其他員工，還在最後特意安排了這位主管當眾演講。

這位主管在他的演講中把自己的業績歸功於自己調配人員的技巧、處理大訂單的果斷和如何辛苦加班等。雖說他說的這些也確實屬實，他的確也是這麼做的，但他唯一犯的錯誤就是自始至終都沒有提及一句自己感激上司和感謝同事、下屬之類的話。

會後，下屬和同事們開玩笑要他請客慶祝，他卻毫不客氣的說：「我得獎金，你們用得著這麼開心嗎？下次我會拿更多，到時再說吧。」可是等到下個月，這位主管不僅沒能再拿到獎金，甚至還因為沒能完成銷售任

務而被扣掉了當月獎金。更奇怪的是，他的下屬越來越懶散，就連老闆似乎也對他冷淡了許多。

這樣一個工作勤奮的人最終卻不能成為受歡迎的人，究竟是什麼原因造成的？獨享榮譽是一個典型的容易激起他人心中不滿，並心生恨意的最主要原因。

試想當大家都為一個目標在努力奮鬥，不料讓你搶先得到這個惹人眼紅的功勞，於是相比之下的其他人就明顯比你矮了很多，你的存在也不時對他人造成了威脅，儘管你並未做任何傷害他人的事，但又有誰還願意跟一個沒有安全感的人一塊做事呢？自然而然，獨自享有榮譽還心安理得的把高帽子往自己頭上戴的人，終究是會成為孤家寡人的，更何談討人喜歡，受人歡迎呢？

張君很有才氣，編的雜誌很受歡迎，有一年更得到一個大獎。一開始他還很快樂，但過了個把月，卻失去了笑容。社裡的同事，包括他的上司和屬下，都在有意無意間和他作對。

原來他犯了獨享功勞的錯誤，原因是這樣的：他得了獎，老闆除了轉交了獎盃與 50,000 元獎金之外，另外給了他一個不大不小的紅包，並且當眾表揚他的工作成績。但是他並沒有現場感謝同事們的協助，更沒有把獎金拿出一部分請客，大家雖然表面上不便說什麼，但心裡卻感到不舒服，所以就和他作對了！

所以，當你在工作上有特別表現而受到肯定時，千萬記得 —— 別獨享功勞，否則這份功勞會為你帶來人際關係上的危機。

為了讓這份功勞為你帶來助益，有幾件事你必須做。

首先：感謝。感謝同仁的協助，不要認為這都是自己的功勞。尤其要感謝上司，感謝他的提拔、指導、授權。如果實情就是如此，那麼你的感

111

 第六章　融入團隊之中

謝本就應該；如果同事的協助有限，上司也不值得恭維，你的感謝也有必要。雖然虛偽，但卻可以使你避免成為箭靶。各種獎項得主上臺領獎時都要感謝一堆人，道理就在此。

這種華而不實的感謝雖然缺乏實質上的意義，但聽到的人心裡都會很愉快，也就不會嫌忌你了。

其次：分享。口頭上的感謝也是一種分享，這種分享可以無窮的擴大範圍，反正禮多人不怪嘛！另外一種是實質的分享，別人也不是要分你一杯羹，但是你主動的分享卻讓旁人有受尊重的感受。如果你的功勞事實上是眾人協力達成，那麼你更不應該忘記這一點。

實質的分享有很多種方式，小的功勞請吃糖，大的功勞請吃飯，吃人嘴軟，拿人手短，分享了你的榮耀，就不會有人和你作對了。

再者：謙卑。人往往一有了功勞，就忘了自己是誰而自我膨脹，這種心情是可以理解的。但旁人就遭殃了，因為他們要受你的氣，卻又不敢出聲，因為你正在風頭上。可是慢慢的，他們會在工作上有意無意的針對你，讓你碰釘子。

所以有了功勞，要更謙卑。要不卑不亢不容易，但卑卻絕對勝過亢，就算卑得肉麻也沒關係。卑的要領很多，但我想做到以下兩點就差不多了：

· 對人要更客氣，功勞越高，頭要越低。

· 別再提你的功勞，再提就變成吹噓了。事實上，你的功勞大家早已知道，何必再提呢？

其實別獨享功勞，說穿了就是不要威脅到別人的生存空間，因為你的功勞會讓別人變得黯淡，產生一種不安全感。而你的感謝、分享、謙卑，正好讓旁人吃下一顆定心丸，人性就是這麼奇妙，沒什麼話好說。

再次強調：如果你習慣獨享功勞，那麼有一天就會獨吞苦果！

善於化解不和諧的音符

我們有時會聽到一些人抱怨同事，大罵同事如何不夠朋友，如何在關鍵時刻袖手旁觀甚至落井下石。可是你有沒有想過，你為同事做過什麼？你有沒有在他需要時伸出溫暖的手？你有沒有故意或者無意中傷害過他？我們沒有理由要求人人都是活菩薩，必須承認，同事之間考慮更多的是利害關係，而不是水泊梁山式的兄弟義氣。如果你對同事不能有任何幫助，又怎麼能指望同事對你伸出援手？

「他們的想法荒唐可笑，可他們固執己見，根本不給任何人協商的餘地。很多次，我們的討論都因無法達成共識而不歡而散，這也影響了我們團隊的工作效率。」一個程式設計師抱怨說。

這種情況並不鮮見。由於每一個團隊成員都有不同的成長環境，不同的工作經歷，所以就形成了不同的思維習慣，對同一件事就會產生不同的觀點，而且有一些甚至還顯得不可思議。有些職場人士在面對合作夥伴的不同觀點時，頭腦中閃出的第一個念頭就是：「多麼可笑的想法！」然後就會竭盡全力說服對方放棄自己的想法，認同自己的觀點。事實上這種做法並不可取。

當別人的想法與我們不同時，我們就應該努力去了解別人，站在別人的立場分析問題，這樣既能減少不必要的摩擦，又能增進友誼，利於以後的合作。在一本書中說：「任何人都可以和林肯、羅斯福這些名人一樣，只要他以同情的心態接受別人的觀點，就能擁有做好事情的基礎。」

面對分歧時，能夠設身處地的站在對方的角度思考問題，不但是一種智慧的行為，更凸顯出你人格的高尚，它能充分的展現出你對別人的尊重和真誠，表現出你的無私和豁達。任何合作都是在這種換位思考中實現

113

的，也只有頻繁的進行換位思考，團隊成員才能團結在一起，實現高品質的合作。

　　所以，也有人說：「當自己認為對方的觀點和想法與自己的想法同等重要時，交談才能在融洽的氣氛中進行下去。在交談開始時，就要對方提出自己的目的或方向。當我們作為聽者時，我們要用聽到的話來管制自己要說的話；當我們作為講話者時，我們接受對方的觀念將會鼓勵對方打開心胸接受我們的觀念。」如果你想改變人們的觀點，而不至於傷害他的感情或引起悔恨，那麼你只須從別人的立場來看問題就可辦到。

　　如果你在工作中非常需要另一個人的幫助，而這個人曾與你有某種不和的時候，你該做些什麼？顯然，放棄並不是好辦法。你應該做的是如何化敵為友，使之成為你的朋友。以下幾個做法可幫你達到這一目的。

- **勇於承認自己的不對之處**：有些人總不願意承認自己的不對，以為這樣別人就會看不起自己。其實，真正有能力的人是勇於承認自己的不對之處的。承認你錯了，不僅是讓對方閉嘴的好方法，還是贏得敬重的好辦法。

- **對別人的興趣加以注意**：要想讓對方對你有好感，並願意成為你的朋友，最好的辦法就是對他的興趣加以注意。

- **對威脅性的問題不要理會**：有時，我們會聽到別人威脅性的問題，例如：「你以為你是誰」、「你們那所知名大學難道沒教你點什麼東西嗎」、「你從來就沒聽過什麼叫應急計畫嗎」……這些問題根本就不是詢問什麼資訊，他們只是為了使你失去平和的心態。不要帶著感情色彩去回答他們——根本就不要回答他們。索性假裝它們壓根就沒從你同事的嘴裡出來，你只管回到你的主題：你感受到了什麼（而非

它是什麼）？你計劃做什麼？以及你希望怎樣做？這樣，你不給你的同事向你破口大罵的機會，就有可能減少他（她）對這一類威脅性問題的依賴。

- **讓對方知道你非常需要他**：這一點是很重要的，它能在很大程度上激發對方的積極性。當然，你是否真的需要，那是另外一回事。我們的想法是利用這樣的一種接納，抬高對方的自尊，對方一高興，就可以避免把談話激化，盡可能減少或消除將來的敵對怨恨。你可以提到，自己工作中的兩三個方面，需要你的同事提供意見或指導。如果你要把這些方面進一步加以確定，你的同事大概也不會太反對。

▌不要犧牲在派系的漩渦裡

在一個公司裡待的時間越長，就越容易滑進「派系」中去，像樹那樣，很自然的就分出了枝椏。你是誰招收進來的，在誰的手下工作，又和誰是校友或者同鄉，甚至彼此有一、兩樣共同喜好的娛樂，都可以成為你被分門別類、歸入某個「派系」的標籤 —— 人家才不管你跟主管、前輩或者玩伴是不是真的情投意合呢。

莫名其妙做了某「派」某「系」的人，倒也算了；最怕「一榮俱榮」時，像坐「雲霄飛車」時的感覺一樣，心裡不踏實；更怕「一損俱損」之時，自己「死」得太冤枉！

如何應對公司裡的小圈圈

小浩剛進入一家公司，工作上尚稱順利，但公司裡有許多小團體，是不是要加入，小浩正在猶豫。小浩擔心，如果都不加入，會陷入孤立無援的境地，如果加入了，又踏入了是非之中。真是進退兩難。

 第六章　融入團隊之中

　　小浩面對的情況，對於很多上班族而言是很熟悉的。尤其是剛進入一家公司的新人，因為對新環境還不熟，每每有找小團體作為依靠的需求，但日子一長，卻又面臨「流言傳來傳去」的困境，不知如何是好。

　　其實，工作場所裡的小團體、小派系幾乎不可避免的存在於各種公司、組織裡，很難絕跡，只要有三個人以上，就會有「多數」、「少數」的問題存在。

　　從理論上講，這種小團體應該是建立在彼此分享經驗的基礎之上的，是人與人之間交流的最自然的方式，但實際上能做到這樣的少之又少，比較多的反而是建立在「共同貶低某人」的基礎上。之所以會如此，有三個原因。

- ‧ 同一個公司裡的員工之間本身就存在競爭關係，真正的友誼很難形成，也不容易交心。因此如果共同批評某人，可以讓彼此在心理上感覺既不會過於暴露自己真實的一面，又可以找到共同的話題。
- ‧ 所謂「人言可畏」，許多小團體共同批評某人時，都是用放大鏡去看被批評者，於是彼此之間還會產生一種「加乘效果」，被批評者顯得更加可惡。
- ‧ 共同批評某人可以增加本身的正當性，正因為被批評者的各種「惡行」，使得大家的批評有根有據，還會形成一種「替天行道」的氣氛。

　　那麼，面臨這種局面應如何應對呢？如果你不想加入任何一個小團體，有兩個選擇。首先，最好是想辦法與各個小團體保持「等距離」的關係，使自己既能快速的得到各種資訊，但又不會因非其同夥而受到排擠，不過這樣做本身必須具有相當高的智慧和相當巧妙的處事方式。其次，如果對於人際關係的操縱還不熟練的話，與其加入這些小團體，不如

遠離所有的小團體，這樣可以保護自己，這樣做的前提是自己在工作上不可發生重大的失誤，以免成為眾矢之的。

總之，公司裡的明槍暗箭，多半來自這些小團體，如果不想浪費時間和精力，最好選擇遠離漩渦的方式，用心專注於本職工作。

上司與上司之間的矛盾巧處理

上司和上司之間，頂頭上司和間接上司之間，上司和下屬之間，有些工作上的矛盾是正常現象。如果你在這些矛盾衝突中只對一方負責，就未免患了「近視眼」，這是典型的「短期行為」。在古代封建社會，有「一損俱損，一榮俱榮」之說，這種情況如果發生在今天也是正常的。但是，如果你陷於一種矛盾漩渦中不能自拔，不能妥善的、兼顧的去處理各種關係，而是「剃頭擔子一頭熱」，那麼一旦情況發生了變化，你就會讓自己陷入一個尷尬的境地。

那麼，究竟怎樣與互相有矛盾的主管相處呢？

第一，不偏不倚，做到「等距外交」。「等距外交」的意思是指無論在工作上或生活上，你與所有的上級主管大致保持等距，大都處於關係的均衡狀態。

第二，正確對待主管間的矛盾。主管之間在工作上出現這樣或那樣的矛盾和衝突，這也不足為奇，但做下屬的可就犯難了。有時你想和這位主管親密一點，又怕惹惱了另一位主管；你要與另一位主管接觸多一點，又怕得罪這一位。總之，這種狀況使得下屬左右為難。特別是那些在工作中不得不經常與主管打交道的人，更是不便進行工作。在這種情況下，要不要保持中立的態度，從而盡量做到左右逢源，兩邊都不得罪呢？一般而言，採取中立的態度是可取的。但是，在現實的工作中，想要完全採取這

第六章　融入團隊之中

樣一種純粹中立的工作方式，往往是比較困難的。

　　究竟怎麼做才合適呢？最好的方式是一切從工作出發，該怎麼樣就怎麼樣。為了工作，應該多與誰接觸，就毫無顧忌的來往，用不著擔心另一位主管的看法。這樣，你的所作所為便顯得自然大方。另外，對這樣的主管，工作之外的接觸盡可能少，與工作無關的話題盡可能少。如此這般，即使一時會引起某位主管的誤會，時間稍長後也自然會讓誤會煙消雲散。

第七章
做事最怕不到位

第七章　做事最怕不到位

據說劉先生到韓國考察了 CJ 集團的麵粉加工廠後，非常震撼的發現：同樣的生產線同樣的產量，他的工廠需要的工人是 CJ 集團的 6 倍！而劉先生之前還為自己工廠的高效率而自豪 —— 他的工廠效率在自己的國家已經是佼佼者了。

劉先生在仔細的對比兩國工人的差距後，發現導致效率雲泥之別的原因在於：自家人做事做不到位！這種感嘆，其實不僅劉先生有，許多企業經營者與管理者都有相同的感觸。

不少員工只管上班不問貢獻，只管接受指令不管結果，普遍缺乏對結果負責的認真態度，我們正與世界接軌，企業與國外企業技術、規模、行銷方面越來越接近，在生產管理、流程設計方面也並不比許多國際大公司遜色，但是彼此之間為什麼會存在著如此大的工作效率差距呢？僅僅是因為經濟發展的程度不同嗎？

回答是：人們做事做不到位。

▌將工作做得盡善盡美

在日本，流傳著這樣一個動人的小故事：

許多年前，一個妙齡少女來到東京帝國酒店當服務生，這是她的第一份工作，也就是說她將在這裡正式步入社會，邁出她人生的第一步，因此她十分激動，暗下決心：無論什麼工作，一定要做得盡善盡美！

然而她想不到的是，上司安排她洗廁所！洗廁所這工作說實話沒人願意做，何況她一個女孩子，從未做過粗重的事，細皮嫩肉，喜愛潔淨，做得了嗎？當她用自己白皙細嫩的手拿起抹布伸向馬桶時，自己的胃開始了翻江倒海，噁心得想嘔吐卻又嘔吐不出來，太難受了！而上司對她的工作品質的要求卻又高得嚇人：必須把馬桶擦洗得光潔如新！

　　她當然明白「光潔如新」的含義是什麼，然而她真的難以實現「光潔如新」這個標準。為此，她陷入迷茫和痛苦之中。這時，她面臨著人生第一步該怎樣走下去的抉擇：是繼續做下去，還是另謀職業？繼續做下去──太難了！另謀職業──知難而退？人生的第一步路就這樣以失敗而告終？她是曾經下過決心的，無論做什麼工作，一定要做得盡善盡美，如果就這樣退縮，自己又很不甘心。

　　就在此關鍵時刻，同在一個單位的前輩讓她重新振作起來。這個前輩的工作和她的一樣，不同的是，前輩一遍遍的抹洗著馬桶，直到抹洗得「光潔如新」；然後，她從馬桶裡盛了一杯水，一口氣喝了下去！竟然毫不勉強。實際行動勝過萬語千言，前輩沒有說一句話就告訴了她一個極為樸素、極為簡單的真理：光潔如新，要點在於「新」，新則不髒，因為不會有人認為新馬桶髒，也因為新馬桶中的水不髒，所以是可以喝的；反過來講，只有馬桶中的水達到可以喝的潔淨程度，才算是把馬桶抹洗得「光潔如新」，而這一點已被證明是可以辦到的。

　　看到這一切，她目瞪口呆，感到一種從身體到靈魂的震顫，她痛下決心：「就算一生洗廁所，也要做到盡善盡美！」從此以後，她成為一個全心全力投入的人，她的工作品質也達到了那位前輩的高水準。

　　幾十年光陰一瞬而過，後來她成為日本政府的主要官員──郵政大臣，她的名字叫野田聖子。野田聖子的成功源於她堅定不移的人生信念：「就算一生洗廁所，也要做到盡善盡美。」這一點使她擁有了成功的人生，使她成為幸運的成功者、成功的幸運者。

　　因此，在工作中，你要不斷的對自己說：「工作了，就要盡善盡美！」盡善盡美並不是說出來的，而要你真正的付諸行動。

　　要想使自己的工作盡善盡美，你至少應該做到以下三點。

第七章　做事最怕不到位

勤奮

　　勤奮是通往榮譽聖殿的必經之路。懶人們常常抱怨，自己竟然沒有能力讓自己和家人衣食無憂；但勤奮的人會說：「我也許沒有什麼特別的才能，但我能夠拚命做事以賺取麵包。」

　　假如你應該打一個電話給客戶，但由於懶惰，你沒有及時打這個電話，你的工作可能因為這個電話而延誤，你的公司也可能因這個電話而蒙受損失，那麼你還算一個出色的員工嗎？

主動去做

　　所謂的主動去做，指的是隨時準備掌握機會，展現超乎他人要求的工作表現，以及擁有「為了完成任務，必要時不惜打破常規」的智慧和判斷力。

　　其實我們身邊那些被認為一夜成名的人，在功成名就之前，早已默默無聞的努力了很長一段時間。成功是一種努力的累積，不論何種行業，想攀上頂峰，通常都需要漫長時間的努力和精心的規畫。

　　所以，如果想登上成功之梯的最高階，你就要永遠保持主動領先的精神，即使面對缺乏挑戰或毫無樂趣的工作，終能最後獲得回報。當你養成這種主動去做的習慣時，你就有可能在工作中盡善盡美。

用心去做

　　用心做好每件事，做每件事情都要用心，這是要求員工應該具有的職業道德。用心做與用手做不一樣，只有用心做才能獲得好的品質和效果，也才能不辜負客戶和公司，工作中要牢記「木做便罷，做就做好」。

　　「用心去做」是一個嚴謹的工作態度，或者說，它是一個最起碼的職

業道德，也是身在職場最基本的要求。你可以能力低於別人，但如果你連用心工作都做不到，那你真的就已經面臨很大的危險了。我常聽到一些企業的人力資源經理談起選擇人才的一些想法，讓我印象最深的是，他們常常會說到這樣一句話：「一個人能力不夠，公司可以對他進行培訓，甚至送他去進修，加強培養來提高他的能力。但如果是態度不端正，那能力再強，對企業來說也是毫無意義的，因為他是不會把他的能力全部貢獻在工作上的。」

其實，這個所謂的端正態度很簡單，就是最基本的你要「用心」工作，而不是「用手」工作。所謂「用心」工作，就是凡事要認真。認真工作的態度，會為一個人既定的事業目標累積雄厚的實力，同時，還會為公司、老闆帶來最大化的實際利益。因此，在每一個公司裡，認真「用心」做事的員工都是老闆比較青睞的。

盡善盡美是工作和生活的態度。也許我們盡力了卻未必完美，也許機遇和境地無法讓你完美，但這並不重要，真正可貴的並不是你所做工作的結果，而是你所形成和表現出的職業素養，工作精神。用追求完美的態度去做好自己的工作，讓別人無可挑剔或不忍挑剔。這是我們在職場如魚得水遊刃有餘的唯一法寶。

▍正確做事更要做正確的事

當一群人競爭的時候，哪種人能獲勝？當然是「錯得少的人」！這就好比開車到某地，在不趕時間的情況下，你可以說：「慢慢找嘛，錯了再調回頭，總會碰上的！」但為什麼不想想，如果能先看好地圖，先找出正確路線，你就不必心中那般茫然，也就不必擔心走過了再調回頭。於是省下了時間，可以做些其他的事！

第七章　做事最怕不到位

時間，這正是問題所在！20年前車少，你可以很容易的調頭。今天處處是單行道，只怕錯過一個出口，就要用上很長的時間才能找回去。

如此說來，為什麼要匆匆行動呢？

在這講求效率的時代，不先做出計畫就匆匆動手的人，在未行動之前，已經注定了失敗！

在激烈競爭的職場中，工作的效率和效能如何，是決定一個人成就的重要因素。當一切都在強調速度時，如何在最短的時間裡找到問題的核心和切入點，是解決問題的關鍵所在。這就是我常告誡那些對前途迷惘，找不到事業立足點的諮詢者的建議，其中涉及這樣兩個方面：一是正確的做事；另一個是做正確的事。

管理大師彼得杜拉克（Peter Drucker）曾在《杜拉克談高效能的5個習慣》一書中簡明扼要的指出：「效率是『以正確的方式做事』，而效能則是『做正確的事』。效率和效能不應偏廢，但這並不意味著效率和效能具有同樣的重要性。我們當然希望同時提高效率和效能，但在效率與效能無法兼得時，我們首先應著眼於效能，然後再設法提高效率。」

簡單的說，「正確的做事」強調的是一種做事方法，有了正確的方法，自然就有了效率。比如：如何安排自己的工作時間？那方法就是先把工作分出主次和優先等級來，然後本著先主後次、先救急的原則展開工作，就要比毫無計畫、遇到哪個做哪個、眉毛鬍子一把抓有效率得多。

而「做正確的事」則強調的是在做事前要先做出選擇，也就是說先要有一個正確可行的目標，其結果是確保我們的工作是在堅實的朝著自己的目標邁進。這就好比我們規劃自己的職業藍圖，我們必須先選擇自己要進入的行業，然後設定每一步需要達到什麼樣的目標，確定自己的最終目標是什麼。這是一個連續不斷選擇的過程。只有你的選擇對了，也就是你

做的是正確的事，那你為之付出的努力和心血都不會白費，它總是在一步步的接近你的目標。否則，如果一開始的選擇發生了偏差，做的是錯誤的事，那所有的付出就真的付諸東流了。

有一些員工，常常出現這樣的工作情況：一些人領到任務就埋頭做事，眉毛鬍子一把抓，雖然投入了無比的熱忱和很多的精力，卻總沒有收效；一些人則自作聰明，漫無邊際的做事，信馬由韁，亂走捷徑，自認為創新，殊不知其實都是瞎費工夫。

一位著名的哲學家說過這樣一句話：「人類所犯的愚蠢的錯誤中，最常見的一種就是，他們常常忘記他們所應該做的事情是什麼？」反過來說就是，一個人在「有所為」之外，還需要具備「有所不為」的智慧和修養。一個人做事，首先應該知道自己應該做什麼，這就是找到「正確的事」。找到了這個，然後就可以採用正確的方法去做了。

所以，在開始工作前，最好還是想一想該怎麼做吧！結束後，也請總結一下這麼做是對了還是錯了，保有這樣你才知道下一次面對同樣的事情該怎樣來做。當你發現了自己的某些小毛病而且開始尋求改變時，那就該恭喜你啦：你在做正確的事情了！

所以，任何時候，對於任何人或者組織而言，「做正確的事」都要遠比「正確的做事」重要。對企業的生存和發展而言，「做正確的事」是由企業策略來解決的，「正確的做事」則是執行問題。如果做的是正確的事，即使執行中有一些偏差，其結果可能不會致命；但如果做的是錯誤的事情，即使執行得完美無缺，其結果對於企業來說也肯定是災難。

對個人而言，就是要鼓勵大家從「辛勤工作」轉變到「聰明工作」，也就是從「老黃牛」轉變到「用腦子工作」。任何人做事不是只要努力就可以做好，還要學會聰明的工作，因為每個人的體能和技能總是

125

有限的，我們應該尋求點對點的工作最短路線，很多時候「走捷徑」並不是壞事，只要有可能。

人生的道路，沒有目標的奔跑是沒有任何意義的；跑得慢就沒有優勢，因為速度決定成敗。若想迅速的向目標奔跑，就得需要「做正確的事＋正確的做事」。正確的做事以做正確的事為前提，沒有這個前提，那個正確做出的「事」等於白做。

管理心理學闡明：思維決定目標，目標引導行為，行為鑄就結果。就是說，做事的準則應該是：找對方向，確定目標，做對事。

做正確的事不容易，但始終正確，只要堅持做下去，堅信你今天付出的每一點心血，都會像蝴蝶效應一樣使自己的將來發生重大的變化。

一位麥肯錫資深諮詢顧問就曾指出：「我們不一定知道正確的道路是什麼，但卻不要在錯誤的道路上走得太遠。」這是一條對所有人都具有重要意義的告誡，他告訴我們一個十分重要的工作方法，如果我們一時還弄不清楚「正確的道路」（正確的事）在哪裡，最起碼，那就先停下自己手頭的工作吧！

養成注重細節的好習慣

芸芸眾生，能做大事的人與機會實在太少，多數人的多數情況總還只能做一些具體的事、瑣碎的事、單調的事，也許過於平淡，也許雞毛蒜皮，但這就是工作，是生活，也是成就大事的不可缺少的基礎。老子曾說：「天下難事，必作於易；天下大事，必作於細。」它精闢的指出了想成就一番事業，必須從簡單的事情做起，從細微之處入手。

不要忽視細節，一個墨點足可將白紙玷汙，一件小事足可使你招人厭

惡。在激烈的職場競爭中,細節常會顯出奇特的魅力,提升你的人格,增加你的績效指數,博得上司的青睞,獲得更好的機會。

細節本身往往就潛藏著很好的機會。如果你能敏銳的發現別人沒有注意到的空白領域或薄弱環節,以小事為突破口,改變固定思維,你的工作績效就有可能得到品質的提升。

新聞系畢業的小寧終於如願以償,開始了她的記者生涯。然而工作僅一週,她就發現自己是部門裡多餘的人。部門的工作已被原有的三個人周密的分了工,他們各管一攤,根本沒有自己插手的餘地。

該怎麼辦呢?

同時分到其他部門的同學見她按兵不動,提醒她說:「小寧,這是個憑業績吃飯的時代,妳可不能這樣站著看,妳必須厚著臉皮去搶。該撬的牆腳就去撬,該圈的地就去圈,這沒什麼大不了的。」

小寧聽了思慮再三,仍決定不搶別人的飯碗。她細心觀察,耐心接聽編輯部的求助電話 —— 這是誰都不想做的工作。一個月後,她透過接聽電話,得到了一個寶貴的資訊。依據這個資訊,迴避了資深同事「以學校老師」為主體的採訪路線,改走「學生家長」的路線,在政府部門首推「教育話題熱線」,開闢一個討論性的專欄。這個專欄得到了一致好評,小寧由此在報社裡站穩了腳跟。

能否掌握細節並予以關注是一種特質,更是一種能力。對細節給予必要的重視,是一個人有無敬業精神和責任感的表現,若能從細節中發現新的思路,開闢新的領域,更能表現出一個人的創新意識和創新能力,不管是前者還是後者,都是老闆十分看重的。

細節之「細」,表現在瑣碎與平常。具體來說,工作中的細節主要表現在以下六個方面。

第七章　做事最怕不到位

保持辦公桌的整潔、有序

　　如果一走進辦公室，抬眼便看到你的辦公桌上堆滿了信件、報告、備忘錄之類的東西，就很容易使人感到混亂。更糟的是，這種情形也會讓你覺得自己有堆積如山的工作要做，可又毫無頭緒，根本沒時間做完。面對大量的繁雜工作，你還未工作就會感到疲憊不堪。零亂的辦公桌在無形中會加重你的工作任務，沖淡你的工作熱情。

　　美國西部鐵路公司董事長說：「一個書桌上堆滿了文件的人，若能把他的桌子清理一下，留下手邊待處理的一些，就會發現他的工作更容易些。這是提高工作效率和辦公室生活品質的第一步。」因此，要想高效率的完成工作任務，首先就必須保持辦公環境的整潔、有序。

不要把請假看成一件小事

　　不要隨便找個藉口就去找老闆請假，比如身體不好，家裡有事，孩子生病……這樣既會讓老闆反感，而且還會影響工作進度，很有可能導致任務逾期不能完成。即使你認為工作效率較高，即使耽誤一、兩天也不會影響工作進度，那也不能輕易請假，因為你身處的是一個合作的環境，你的缺席很可能會對其他同事造成不便，影響其他人的工作進度。所以不要隨便請假，即使生病，只要還能上班就不要請假，更不要因為逃避繁重的工作或無關緊要的小事請假。在公司裡，有很多人一旦所負的責任較平時重，便會產生逃避心態。這可以理解但絕不被支持。更大的責任是提升一個人工作能力的絕佳機會，抓住它，你的業績就會更上一層樓。

辦公室裡嚴禁做私事、閒聊

　　在辦公室裡做私事是不對的。一方面是因為工作時間內，公司的一切人力、物力資源，僅屬於公司所有，只有公司方可使用。任何私事都不要

在上班時間做，更不能私自使用公司的公物。另一方面，就員工個人而言，利用上班時間處理個人私事或閒聊，會分散注意力，降低工作效率，進而影響工作進度，造成任務逾期不能完成。所以將辦公時間全部用在任務的完成上，是必要的，也是必須的。

在辦公室把手機調為震動

上班時間不要隨便接聽私人電話，要記住你的手機的聲音會讓你身邊的同事或上司反感，而別人反感的情緒又會直接影響你的工作情緒，最終導致個人乃至整個團隊工作效率的降低。如果你隨便接聽私人電話，就會分散注意力，很有可能導致你對任務的認知產生偏差，進而使任務不能按期完成。

下班後不要立即回去

下班後要靜下心來，將一天的工作簡單做個總結，制訂出第二天的工作計畫，並準備好相關的工作資料。這樣有利於第二天高效率的展開工作，使工作按期或提前完成。離開辦公室時，不要忘了關燈、關窗，檢查一下有無遺漏的東西。

適時關閉你的電話

除非必要，否則不要讓電話在上班時間一直開著，更不能藉工作掩護上網、玩遊戲、看 DVD。在工作中，熱衷於做這些事，只會浪費你有限的時間和精力，增加你的工作壓力感，自然也就無從談起提高績效了。最好的做法是：在做完當天的工作，為明天的工作找資料後就關閉電腦，控制自己上網、玩遊戲的欲望。閒暇時間，可以買幾本專業書籍充電。

第七章　做事最怕不到位

▌沒有藉口、不打折扣的執行

據說當巴頓（George Smith Patton, Jr.）將軍要提拔人時，他喜歡把所有的候選人排到一起，向他們提一個他想要他們解決的問題。他說：「夥伴們，我要在倉庫後面挖一條戰壕，8 英呎長，3 英呎寬，6 英吋深。」他就告訴他們那麼多。他有一個有窗戶或有孔洞的倉庫。候選人正在檢查工具時，他走進倉庫，透過窗戶或孔洞觀察他們。他看到夥伴們把鍬和鎬都放到倉庫後面的地上。他們休息幾分鐘後開始議論他為什麼要他們挖這麼淺的戰壕。他們有的說 6 英吋深還不夠當火炮掩體。其他人爭論說，這樣的戰壕太熱或太冷。如果夥伴們是軍官，他們會抱怨他們不該做挖戰壕這麼普通的體力勞動。最後，有個夥伴對其他人說：「讓我們把戰壕挖好吧，至於那個老畜生想用戰壕做什麼是他的事。」

最後，巴頓說：「那個夥伴得到了提拔。我必須挑選不找任何藉口、不折不扣的完成任務的人。」

老闆都需要這種不找藉口不打折扣去執行命令的人。不要用任何藉口來為自己開脫或搪塞，完美的執行是不需要任何藉口的。

無論你在公司的職位有多高，只要你不是老闆或董事長，你就要謹記一點：老闆的決定，哪怕不如你意，甚至與你的意見完全相反時，你只有建議的權利；而當你的建議無效時，你應該完全放棄自己的意見，全心全力去執行老闆的決定。誠然，老闆的決策也有錯誤的時候，但這需要他自己嘗到苦果時他才會承認。你既不能事先加以肯定或指責，也不要事後加以抱怨或輕視他的決定。你只能在執行時，盡可能的使這項錯誤造成的損失降低到最低限度，這才是你應有的態度。

劉備領兵伐吳，遭到「火燒連營七百里」的大慘敗，這一軍事行動

的決策,是一項極為嚴重的錯誤,當時身為軍師的諸葛亮,對劉備的這一決策,極不贊成,曾向劉備說明利害關係,希望劉備打消這一項決策。

但是,劉備認為自己有非出兵伐吳不可的理由,本來他對諸葛亮一向都言聽計從的,但這次他卻堅持自己的決定,非出兵不可。

諸葛亮一看改變不了「老闆」的決定,只得調兵遣將,做周詳的安排,希望這次用兵能夠雖無大功,至少不要使損失太大。諸葛亮沒有因為劉備不聽他的勸告,而大鬧情緒,袖手旁觀。

劉備大敗後,諸葛亮到白帝城去見他,只說這是「天意」,沒有一點抱怨的意思。這種態度和做法,值得你好好的去體會一番。

在執行時不但要把藉口全部拋棄,同時,心中也不要有對立情緒。因為,這種對立的情緒勢必影響你執行的結果。

從人性的角度出發,謀求個人利益、自我實現是天經地義的。在此認知之下,許多年輕人以玩世不恭的姿態對待工作,他們頻繁跳槽,覺得自己工作是在出賣勞力;他們蔑視敬業精神,嘲諷忠誠,將其視為老闆剝削、愚弄下屬的手段。他們認為自己之所以工作,不過是迫於生計的需求。這些人不知道,個性解放、自我實現與忠誠和敬業並不是對立的,而是相輔相成、缺一不可的。

每天多付出一點點

一位成功人士曾說:「成功其實並不難,只需要你每天再多付出一點點。」

全心全意專注工作、盡職盡責完成任務對於獲取成功來說,還是不夠的。你還應該比自己分內的工作多做一點,每天多付出一點,比別人期待

第七章　做事最怕不到位

的更多一點，如此可以吸引更多的注意，為自我的提升創造更多的機會。

「每天多付出一點點」的工作態度，能使你的工作逐漸變得更加出色而從競爭中脫穎而出。你的老闆、顧客甚至是競爭者會關注你、依賴你，從而給你更多的機會。

每天多付出一點，也許會占用你的時間，但是，你的工作會獲得很大的不同，因為你會比別人累積更多的東西，如經驗、技能、工作效率等。更為重要的是，你的行為會使你贏得良好的聲譽，並增加他人對你的需求。

對於成功來講，它是一個過程，是將努力和勤奮融入每天生活中的過程。

美國有一個叫亨利·雷蒙德（Henry Jarvis Raymond）的人，他起初在美國《論壇報》做編輯，剛開始時的薪資非常少，只能勉強餬口，但他還是每天平均工作 13 ～ 14 小時。往往是整個辦公室的人都走了，只有他一個人在工作。「為了獲得成功的機會，我必須比其他人做更扎實的工作，」他在日記中這樣寫道，「當我的夥伴們在劇場時，我必須在辦公室裡；當他們熟睡時，我必須在學習。」後來，他成為了美國《時代週刊》的總編。

人生中有一個奇妙的定律，叫付出定律。它告訴我們，只要你有付出，就一定有獲得，獲得不夠，表示付出不夠，想要得到得更多，你必須付出得更多。

一個優秀員工，光是全心全意、盡職盡責為公司工作是不夠的，你還要時刻提醒自己，我可不可以為公司、為客戶多付出一點點呢？其實，每天多付出一點點並不會把你累垮，相反，這種積極主動的工作態度將使你更加敏捷主動，也可以為自我的提升創造更多的機會。

每天多付出一點點，能讓你在公司裡脫穎而出，這個道理對於普通職員和管理階層都是一樣的。每天都能多付出一點點，上司和客戶都會更加

信任你，從而賦予你更多的機會。

看看你的身邊，你會發現，有許多優秀的員工，這些人是公司的驕傲，是公司的財富。他們每個人都是很平凡的人，使他們顯得與別人不同的原因，僅僅是他們願意每天多付出一點點，一年 365 天，天天如此！

每天多做一點點，意味著什麼呢？意味著改變自己 —— 一件事情會影響一個人的命運，也許幾件事情就會改變一個人的一生。只要你每天多做一點點，每一天都是一個階梯，都是新的一步 —— 向著既定的目標。換句話說，只有不斷的追求才有不斷的進步；只有不斷的行動，才有不斷的成就。每天多做一點點，日積月累，作為普通員工的你也會達到成功的階梯，摘取滿意的成果。

每天多做一點點，是聰明人的選擇；每天少做一點點，是投機者的把戲。前者是主動掌握成功，後者利用成功；前者為長久的人生之道，後者為短暫的機會偶遇。

「多付出一點點」是你必須好好培養的一種心態，一種精神，一種良好的習慣，它是你成就每一件事的必要因素。多付出一點點，雖然要求你應不計報酬，不怕犧牲，但是，這種「多付出」的代價絕不會白白流失，它最終必然會結成豐碩的成果，並給予你加倍的回報。

多付出一點點，想想一個月、一年、十年……那將會是多麼可觀的一大筆財富啊！

一位哲學家問他的弟子知不知道南非樹蛙的故事。哲學家說：「你可能不知道南非樹蛙的事，但如果你想知道，你可以每天花 5 分鐘的時間來查閱資料。這樣，只要你持續不斷的每天花 5 分鐘的時間查閱相關資料，5 年內你就會成為最懂南非樹蛙的人，成為這個領域中的權威。到時候有人就會邀請你，聽你對南非樹蛙的講解。」

第七章　做事最怕不到位

　　優秀與平庸的差距，其實並不像大多數人想像的那樣有一道極大的鴻溝橫亙在面前。優秀與平庸的差距在一些小小的事情上：每天比他人多做一點點，每天花 5 分鐘的時間查閱資料，多打一個電話，在適當的時候多一個表示，多做一些研究，或者在實驗室中多實驗一次……

　　堅持不是一件容易的事，堅持每天比原來多做一點點更不是一件容易的事。堅持每天多做一點、做好一點，克服拖沓、馬虎、等待、推諉和懶惰，積少成多，我們就會比別人做得更好、學得更多。每天多做一點點，每天進步一點點，就離成功更近了一點點。

▌眼裡要有事情

　　俗話說：「不打懶的，不打勤的，就打那不長眼的。」 一個指一方打一方、不說就不知道做什麼的人，老闆不三天兩頭找他的碴子才怪。

　　任何一個老闆都希望自己的員工能夠不用等老闆交代，去做一些應該做的事情。如果你發現老闆並沒有要求你做這些事情，但你認為這樣做會對公司有利，請務必提醒老闆。哪怕你的提醒是錯誤的，老闆也會喜歡，因為他需要這些。

　　事實上，每位老闆心中都對員工有強烈的期望，那就是：不要只做我告訴你的事，運用你的判斷力，為公司的利益，去做需要做的事。這一點每個員工都應該知道。

　　老闆在下個月要去歐洲考察精密機床的專案，作為助手的劉先生在得知這個消息後，用工作的閒餘時間蒐集了大量相關資料，並經過合理的編輯做成電子檔案。當劉先生在老闆出發前半個月將這個文件檔案交給老闆時，老闆驚喜的表情完全顯露於外。老闆一邊在電腦上瀏覽一邊連聲讚

嘆：「太好了，太好了，我正準備要你做這麼一個報告，想不到……」老闆在考察之前一定對歐洲的市場有了一定了解，也許他真的「正準備」要劉先生做一個這樣的報告，也許他忽視了這個問題——這樣說只是一種自我的掩飾。不管怎麼樣，劉先生主動做報告的事情，一定讓老闆非常受用，哪怕他的報告價值不大。

如果不是你的工作，而你沒等老闆交代就去做了，這就是機會。有人曾經研究為什麼當機會來臨時我們無法確認，因為機會總是喬裝成「問題」的樣子。顧客、同事或老闆交給你某個難題，也許正為你創造了一個珍貴的機會。對一個優秀的員工而言，公司的組織機構如何，誰該為此問題負責，誰應該具體完成這一任務，都不是最重要的。重要的是如何將問題解決。

不要等老闆交代，行動在老闆前面。不要被動的等待老闆告訴你應該做什麼，而是應該主動去了解自己要做什麼，並且規劃它們，然後全力以赴的去完成。對於工作中需要改進的問題，搶先在老闆提出問題之前，就把改革方案做好。這樣的行動會深得老闆的賞識，因為只有這樣的員工才真正能減輕老闆的負擔。當老闆知道你為他如此盡心盡力時，就會很自然的對你信任起來。

因此，我們不應該抱有「老闆要我做什麼」的想法，而應該多想想「不用老闆交代，我還能為老闆做些什麼」。一般人認為，盡職盡責完成分配的任務就可以了。但這還遠遠不夠。尤其是那些剛剛踏入社會的年輕人更是如此。要想獲得成功，必須做得更多更好。一開始我們也許從事祕書、行政人員和出納之類的事務性工作。難道我們要在這樣的職位上做一輩子嗎？成功者除了做好本職工作以外，還需要做一些不同尋常的事情來培養自己的能力，引起人們的關注。

第七章　做事最怕不到位

那麼，什麼樣的工作不需要老闆交代呢？

· **必須是對於公司發展有推動作用的工作**：對於那些無足輕重的事情，不要打著「不用老闆交代」的旗號為自己找藉口，否則你的行為會適得其反。不但工作做不好，還有可能受到老闆的批評，這樣就會打擊你的積極性。因此，你一定要考慮清楚你做的事情的確是老闆最需要的，公司最需要的。

· **老闆無暇顧及的但是又是勢在必行的**：老闆不是全能的，因此他不可能事事照顧周全。尤其身處老闆的位置，可能有些事情他也看不到。如果你能夠以身作則，不用老闆交代，就能夠仔細思考哪些事情對公司的前途有好的影響，哪些有壞的影響，然後提出行之有效的工作建議，整理成文件，上報給老闆，請老闆定奪。如此，即使你的分析有失偏頗，老闆也會對你另眼看待。

▌小事不可小看

凱斯特是一家公司的採購部經理。一天，他看到公司訂製的原子筆、影印紙異常精美，便不斷的拿一些回去，給他上學的女兒使用。這些東西被女兒的老師看見了，而該老師的丈夫，恰好正是與這家公司有業務往來的高階主管。

該高階主管了解這件事後，說道：「這家公司的風氣太壞了，公司的員工只想著自己而不是公司！這樣的公司怎麼能有誠意做好生意呢？」於是，他中止了與該公司的合作計畫。

誰會想到計畫的中斷，竟是由一些影印紙造成的呢！

因此，「不因善小而不為，不因惡小而為之」。工作中許多不良習

慣，哪怕它如芥粒，非常之小，其所造成的危害，常比你想像的要嚴重得多。對於員工來講，這些看似微不足道，不足以影響大局的小毛病，還常常決定他本人的前途命運。理智的老闆，常會從細微之處觀察員工、評判員工。比如，站在老闆的立場上，一個缺乏時間觀念的員工，不可能約束自己勤奮工作；一個自以為是、目中無人的員工，在工作中無法與別人合作溝通；一個做事有始無終的員工，他的做事效率實在令人懷疑……一旦你因這些小小的不良習慣，讓老闆留下這些印象，你的發展道路就會越走越封閉。因為你對老闆而言，不再是可用之人。

有的大學生、研究生在從事一些毫無創意的工作時，總是感到憤憤不平，認為庸庸碌碌，是浪費青春。在這些想法情緒當中，我們可以看到一些可貴之處，那就是不願意平庸，而願意有所作為。但是換一個角度，即從對上級的尊重和服從的角度來說，上述情緒也包含了許多不可取因素。那就是不願從小事做起。何況上級的安排也許是讓你熟悉公司工作流程，以便對你委以重任，或許是在考驗你工作的態度。

對任何一個機構來說，打水、掃地、跑腿、傳遞資訊、接電話、接待來訪等等，這些事總是要有人做的。事務性工作構成了祕書人員、機關科室人員正常工作的系統組成部分，所以說欲做大事必須從小事做起，大事孕育於小事之中。

有這麼一個故事。在開學的第一天，蘇格拉底對他的學生們說：「今天你們只做一件事，每個人盡量把手臂往前甩，然後再往後甩。」說著，他做了一遍示範。

「從今天開始，每天做 300 下，大家能做到嗎？」

學生們都笑了。這麼簡單的事，誰做不到？可是一年後，蘇格拉底再問時，全班卻只有一個學生堅持下來。這個人就是後來的大哲學家柏拉圖。

第七章　做事最怕不到位

「這麼簡單的事，誰做不到？」這是許多人的心態。但是正如例子中所表述的，真正做到的又有多少？很少很少。如果你留心觀察身邊的優秀員工，就會發現他們在開始的時候也與你一樣，做著同樣簡單的小事，唯一的區別就是，他們從不因為他們所做的事是簡單的小事，而不盡心盡力、全力以赴。

「如果你想使績效達到卓越的境界，那麼你今天就可以達到。不過你得從這一刻開始，摒棄對小事無所謂的惡習才行。因為每個人所做的工作，都是由一件件小事構成的，對小事敷衍應付或輕視懈怠，將影響你最終的工作成績。」一個三十出頭就身居高層的成功人士在總結自己的成功經驗時說。

但在工作中，真正能體會到其中「三昧」的人卻少之又少。那些成績平庸的人都或多或少沾染上了無視小事的惡習。許多人在接到一項新任務後，首先做的事情是——剔除穿插其中的諸多繁瑣的細節。他們認為，這些瑣碎的細節只會浪費寶貴的時間和有限的精力，結果「聰明反被聰明誤」。整項工作由於缺少細節的串連，在銜接上出現了脫軌現象，進而導致工作進度一再受阻，難以高品質的按期完成任務。

「不積跬步，無以至千里；不積細流，無以成江河。」一個人只有從大處著眼，小處著手，不論工作大小均全力以赴，才能確保工作順利進行，並以高效結束。作為一名員工，你必須真正了解「平凡」中蘊藏的深刻內涵，關注那些以往認為無關緊要的平凡小事，並盡心盡力的認真做好它。

任何人踏上工作職位後，都需要經歷一個把所學知識與具體實踐相結合的過程，需要從一些簡單的工作開始這種實踐，並從實踐中不斷學習。所以，面對一件不起眼的小事，你要一絲不苟的扎扎實實做好，並虛心向他人請教，累積經驗。

另外，以認真的態度去做平凡的工作，還有助於你建立良好的人脈關係，使你得到周圍人的支持和幫助。無須多言，一個擁有良好人脈關係的人，自然更容易處理工作中的棘手問題，把工作完成得更好、更快。

要想擺脫對小事無所謂的惡習，你必須做好以下幾點：

- **在接到一項任務時，對其中的各種細節千萬不要產生輕視的心理**：你要把它看成一件重要的大事。這樣，你才會真正重視它，並動腦筋、發揮潛力做好它。事實上，要做到這一點並不容易，你需要時時提醒自己：「別看它簡單、不起眼，對整項任務能否順利完成卻發揮著至關重要的作用。」做不好它，你就不可能高品質的完成任務。

- **其次，工作時一定要細心、認真**：不要以為是平凡的小事，就敷衍了事的應付。你應該像做重要的事一樣認真對待，細心、扎實的處理好每一個環節和細節，一絲不苟的去完成它。只有這樣，你才能借助「平凡小事」的力量推進工作進度，做出不平凡的業績。

- **做出「完美」時要讓周圍的人知道**：不管你所負責的工作多麼平凡、不起眼，如果你細心工作，發揮你的聰明才智，你就可能做出讓周圍人驚訝的成績來。比如，你創造出一套行之有效的好方法，能提高工作效率，或者提高工作品質。再如，想出了一個好的創意，有利於提高工作成就。這無疑是平凡的工作對你的回報。這些好的想法和創意，對於你更好的完成更富挑戰性的工作是相當有利的，同時它也為你提供了一個成功的契機。很多人在得到這些「回報」和「饋贈」時，習慣於藏起來自己獨享，事實上，這種行為並不可取，這個時候，你最好讓周圍的人知道，切忌保密。與人分享成果有利於得到別人的好感，提高你的人脈指數，而良好的人際關係則會使你的工作速度和工作品質得到進一步提高。另一方面有助於上司正確的認識你

的能力，使你早日獲得晉升的機會，而且這樣做還有助於提升整個團隊和企業的績效，於公於私都應分享。

總之，一個人能否成就卓越，取決於他是否做什麼事都力求做到最好，其中自然也包括那些再平凡不過的小事。所以在工作中，哪怕事情微不足道，你也要認認真真的把它做好。能做到最好，就必須做到最好，能完成 100%，就絕不只做 99%。

希爾頓酒店的創始人康拉德・希爾頓（Conrad Nicholson Hilton）對他的員工說：「大家牢記，萬萬不要把憂愁擺在臉上！無論飯店本身遭到何等的困難，大家都必須從這件小事做起，讓自己的臉上永遠充滿微笑。這樣，才會受到顧客的青睞！」正是這小小的微笑，讓希爾頓酒店遍布世界各地。

不要小看小事，不要討厭小事，只要有益於自己的工作和事業，無論什麼事情我們都應該全力以赴。用小事堆砌起來的事業大廈才是堅固的，用小事堆砌起來的工作才是真正有品質的工作。「勿以善小而不為，勿以惡小而為之。」細微之處見精神。有做小事的精神，才能產生做大事的氣魄。

▎是什麼導致拖延

工作過度老是跟不上老闆要求的節奏：週一要的報告，週三還沒成型；昨天要的報表，今天還在製作中……這樣的員工簡直就是自己在替自己製造麻煩，絲毫怨不得老闆火冒三丈。

但是，且慢！員工似乎也有員工的苦處：我手裡的工作太多了，這份報告牽涉的資料層面太廣……總之，似乎原因都是客觀的。而且，該員工也的確沒有偷懶的嫌疑。

工作不能及時完成，不單是勤奮與能力的問題，還與時間的安排與統籌關係密切。

拿破崙・希爾（Napoleon Hill）曾引述一些著作中關於支配工作時間的建議，其大致內容如下：

找出你這一天、這一週和這個月要處理的工作，在一張紙上畫出四欄，並在左上角貼上「重要而且緊急」的標籤，在這一欄內填入必須立即處理的工作，並依次寫下每項工作的處理日期和時間。

在右上角貼上「重要但不緊急」的標籤，並填入必須做但又不必立即處理的工作。如果認為這一欄的工作上升為最重要的時，則可以不必填寫在左上角的欄中，只要依次寫下每項工作的處理日期和時間，每天審查一下這一欄的工作，以確保不會有工作變成「重要而且緊急」的項目。

左下角貼上「不重要但卻緊急」的標籤，在這一欄中所填寫的，都是一些必須立即處理的瑣事，諸如某人需要你的建議，有人要你馬上去買一些小東西等等。當然你也能把這些事情記在「重要而且緊急」一欄中，但本欄的目的在於使你了解有些事物雖然「緊急」卻並不等於「重要」。

最後，在右下角貼上「不重要也不緊急」的標籤，你當然可以讓這欄一直空著，反正寫在這一欄的工作，都是你可不必在意的項目，但本欄的目的在於告訴你事實上有許多事情是屬於「不重要也不緊急的項目」。

在你的辦公桌上通常會放著兩種紙張：一種是有用的，一種是沒有用的。你應趕快把沒有用的紙都丟掉，並且絕對不要在桌上再看到任何沒有用的紙張。

你用來處理那些有用資料的時間要盡可能的少。如果可能的話，你應該立即處理資料、閱讀最新資料、簽署授權書、寫回函等等。至於像雜誌類的閱讀資料，應留有特定的時間來閱讀。

第七章　做事最怕不到位

如果你無法一次處理完文件時，應在文件上方角落的位置點一個點，當再度處理該文件時，再點一個點，如此一來，你就可以清楚的了解你是分成幾次來處理相同的文件，並可趁此機會為今後做一番改進。

此外，對於一份複雜的任務，你最好將其分割成一些小的任務，並根據整體時間分配好各個小任務的完成時間。從 A 地到 F 地的確很遠，走著走著一不小心就超過了規定的時間。而如果你將整體時間分拆進「A → B」、「B → C」、「C → D」、「D → F」之中，強制自己在規定的時間裡走完規定的路程，那麼你按時完成的可能性會大增。假設你在某一段路程實在因為客觀原因超了時，也會心中有數而在後面的路程中起早趕工，將超出的時間彌補回來，以保證整體任務的按時完成。

▌如果能力的確有限

做事力求到位，但有時我們會因為本身能力的制約 —— 畢竟能力的提高是一個漸進的過程，也受到諸多因素的制約，做事難免偶有瑕疵。有瑕疵，自然會招來老闆或上司的不滿。怎麼辦？

勤來補拙。如果你的確盡力了，相信老闆也會理解你，不會找你的碴，即使要找，也不會是用令你難堪的方式。

「勤能補拙」已是一句老話，但從學校畢業進入了社會，這句話就不一定能常聽到了。

能承認自己有些「拙」的人不會太多，能在進入社會之初即體會到自己「拙」的人更少。大部分人都認為自己不是天才至少也是個幹將，也都相信自己接受社會幾年的磨練後，便可一飛沖天。但能在短短幾年即一飛沖天的人能有幾個呢？有的飛不起來，有的剛展翅就摔了下來，能真

正飛起來的實在是少數中的少數。為什麼呢？大多是因為社會磨練不夠，能力不足。

那麼有沒有辦法在極短的時間補足自己的能力呢？

所謂的「能力」包括了專業的知識、長遠的規畫以及處理問題的能力，這並不是兩、三天就可培養起來的，但只要「勤」，就能很有效的提升你的能力。

「勤」就是勤學，在自己工作職位上，一刻也不放棄，一個機會也不放棄的學習。不但自修，也向有經驗的人請教。別人睡午覺，你學；別人去娛樂，你學；別人一天只有 24 小時，你卻是把一天當兩天用。這種密集的、不間斷的學習效果相當顯著。如果你本身能力已在一般人水準之上，學習能力又很強，那麼你的「勤」將使你很快的在團體中發出亮光，為人所注意。

另外一種「能力不足」的人是真的能力不足，也就是說，先天資質不如他人，學習能力也比別人差，這種人要和別人一較長短是辛苦的。這種人首先應在平時的自我反省中認清自己的能力，不要自我膨脹，迷失了自己。如果認知到自己能力上的不足，那麼為了生存與發展，也只有「勤」能補救，若還每天痴心妄想，不要說一飛沖天，也許連個飯碗都保不住哩！

對能力真的不足的人來說，「勤」便是付出比別人多好幾倍的時間和精力來學習，不怕苦不怕難的學，兢兢業業的學，也只有這樣，才能成為龜兔賽跑中的勝利者。

其實「勤」並不只是為了補拙，在一個團體裡，「勤」的人始終會為自己爭來很多好處。

· **塑造敬業的形象**：當其他人混水摸魚時，你的敬業精神會成為旁人眼光的焦點，認為你是值得敬佩的。

· **容易獲得別人諒解**：當有錯誤發生，必須找個代罪羔羊時，一般人不大會找一個勤於工作的人來頂替。當做錯了事，一般人也不忍指責，總是會不忍的認為，已經那麼認真了，偶然出點錯沒什麼。

· **容易獲得上級的信任**：當主管的喜歡用勤奮的人，因為這樣他可以放心，如果你的能力是真不足，但因為勤，主管還是會給予合適的機會。當主管的都喜歡鼓勵肯上進的人，此理古今中外皆同。

▌延伸閱讀：〈差不多先生傳〉

著名的學者、作家、思想家胡適先生，一生著作頗豐，其中有不少清新別致、含義深刻的雜文。在本章結尾，我們引用他的一篇〈差不多先生傳〉。胡適先生希望透過這篇文章中的主角「差不多先生」來警醒人們，革除陋習。〈差不多先生傳〉作於 1942 年，60 多年過去了，然而「差不多先生」似乎還是陰魂未散。

差不多先生傳 —— 胡適

你知道中國有名的人是誰？提起此人，人人皆曉，處處聞名，他姓差，名不多，是各省各縣各村人民。你一定見過他，一定聽別人談起他。差不多先生的名字天天掛在大家的口頭上，因為他是全國人的代表。

差不多先生的相貌和你我都差不多。他有一雙眼睛，但看得不很清楚；有兩隻耳朵，但聽得不很分明；有鼻子和嘴，但他對於氣味和口味都不很講究；他的腦子也不小，但他的記性卻不很精明，他的想法也不很細密。

他常常說:「凡事只要差不多,就好了。何必太精明呢?」

他小的時候,他媽叫他去買紅糖,他買了白糖回來,他媽罵他,他搖搖頭道:「紅糖白糖不是差不多嗎?」

他在學堂的時候,先生問他:「直隸省的西邊是哪一省?」他說是陝西。先生說:「錯了。是山西,不是陝西。」他說:「陝西和山西不是差不多嗎?」

後來他在一個店鋪裡做夥計,他也會寫,也會算,只是總不精細,十字常常寫成千字,千字常常寫成十字。掌櫃的生氣了,常常罵他,他只是笑嘻嘻的賠不是道:「千字比十字只多一小撇,不是差不多嗎?」

有一天,他為了一件要緊的事,要搭火車到上海去。他從從容容的走到火車站,遲了兩分鐘,火車已開走了。他白瞪著眼,望著遠遠的火車上的煤煙,搖搖頭道:「只好明天再走了,今天走和明天走,也差不多。可是火車公司未免太認真了。8 點 30 分開,和 8 點 32 分開,不是差不多嗎?」他一面說,一面慢慢的走回家,心裡總不明白為什麼火車不肯等他兩分鐘。

有一天,他忽然得了急病,趕快叫家人去請東街的汪大夫。那家人急急忙忙的跑去,一時尋不著東街汪大夫,卻把西街的牛醫王大夫請來了。差不多先生病在床上,知道尋錯了人,但病急了,身上痛苦,心裡焦急,等不得了,心裡想到:「好在王大夫和汪大夫也差不多,讓他試試看吧。」於是這位牛醫王大夫走近床前,用醫牛的方法替差不多先生治病。沒多久,差不多先生就一命嗚呼了。

差不多先生差不多要死的時候,一口氣斷斷續續的說道:「活人和死人也差……差……差……不多……凡是只要……差……差……不多……就……好了……何……何……必……太……太認真呢?」他說完這句格言,方才絕氣了。

第七章　做事最怕不到位

　　他死後，大家都很稱讚差不多先生樣樣事情看得破，想得通，大家都說他一生不肯認真，不肯算帳，不肯計較，真是一位有德行的人，於是大家替他取個死後的法號，叫他作圓通大師。

　　他的名譽越傳越遠，越久越大。無數無數人都學他的榜樣。於是人人都成了一個差不多先生 —— 然而國家從此就成了一個懶人國了。

第八章
做問題的殺手

第八章　做問題的殺手

問題，問題，問題……一個又一個問題接踵而至。如果你不能解決問題，你本身就會成為一個問題。不善於解決問題的人，最容易被老闆當作問題給解決。

人在職場，你要想讓老闆器重自己，就必須想方設法使他信任與欣賞自己。而要想使老闆信任與欣賞自己，顯露出高超的解決問題能力是一個最佳的方式。面對任何問題都能處之泰然並妥善解決，這樣就有可能使老闆加深對你的印象。善於動腦子分析問題並能妥善解決問題，給老闆的印象是金錢買不到的。

要做問題的殺手，否則問題就會成了你的殺手。問題並不可怕，一個真正有自信、想提升自己的人，不僅不會躲避問題，而且還會歡迎問題、挑戰問題、解決問題。其實人的一生就是不斷的解決一連串的問題的過程。在這個過程中，我們將問題踩在腳下，墊高了自己。

可以這樣說：一個人解決問題的能力有多高，他的生存能力就有多大！查爾斯‧F‧克德林（Charles Franklin Kettering）是美國著名的工程師和發明家。他在通用汽車公司實驗室的牆上掛了一塊牌子，上面寫著：「別把你的成功帶給我，因為它會使我軟弱；請把你的問題交給我，因為這樣才能增強我。」

▎做問題解決者而非抱怨者

公司的營運本身就是一個挑戰問題，克服問題，在問題中前進的過程。老闆僱用員工，毫無疑問就是希望員工能幫助自己解決問題的。能夠敏銳的發現問題並乾淨俐落的解決問題的員工，無疑是老闆最欣賞的人。而那些只知道在問題面前訴苦、抱怨的人，最令老闆反感。

　　抱怨解決不了任何問題，你所要做的是：想辦法解決。辦法總比問題多。世上沒有辦不成的事，只有不會辦事的人。一個會辦事的人，可以在紛繁複雜的環境中輕鬆自如的駕馭人生局面，凡事逢凶化吉，把不可能的事變為可能，最後達到自己的目的。這關鍵是看你用什麼方法，用什麼技巧，用什麼手段。

　　無論是在工作中還是在生活中，我們總會遇到這樣那樣的問題和困難，有的很容易解決，有的卻看起來很難。面對這樣的情況，有的人會知難而退，而有的人卻會積極的尋找解決的方法，而且往往結果不會讓他們失望。因為後一種人始終相信：方法總比問題多。

　　有一則寓言，講的是四個業務員接受任務，到廟裡找和尚推銷梳子。第一個業務員空手而歸，他抱怨說廟裡的和尚都沒有頭髮，要自己去推銷梳子的人簡直是無聊至極。第二個業務員回來了，賣了十多把梳子，他介紹經驗說，我告訴和尚，頭皮要經常梳梳，不僅止癢，頭不癢也要梳，可以活絡血脈，有益健康。念經念累了，梳梳頭，頭腦清醒。第三個業務員回來了，賣了一百多把梳子。他說，我到廟裡去跟老和尚講，您看這些香客多虔誠呀，在那裡燒香磕頭，磕了幾個頭起來頭髮就亂了，香灰也落在頭上，您在每個廟堂前面放幾把梳子，他們磕完頭，燒完香可以梳梳頭，會感到這個廟關心香客，下次還會再來，這樣一講就賣掉了一百多把梳子。第四個業務員回來了，賣掉了幾千把梳子。他說，我到廟裡跟老和尚說，廟裡經常接受人家的捐贈，得有回報給人家，買梳子送給他們是最便宜的禮品。您在梳子上寫上廟的名字，再寫上積善梳，說可以保佑對方，這樣可以作為禮品儲備在那裡，誰來了就送，保證廟裡香火更旺。這一下就推銷掉好幾千把梳子。

　　一則小寓言，其中蘊含了深意。它告訴我們面對難題，超越自我，主

第八章 做問題的殺手

動解決,是唯一的出路。有道是:辦法總比問題多,而自我限制是人生成功的最大障礙,阻止你前進的真正障礙就是自己。聰明的員工,勇於面對問題,超越自我,積極的尋找解決問題的方法,以「主動解決」的韌勁,全力以赴攻克難關。就像老鷹一樣在高空盤旋注視四面八方,高瞻遠矚,而不會像鴨子一樣只能在水面上,整天除了嘎嘎叫抱怨以外什麼都不做。

應該看到,真正想辦法解決了問題,是事實上真正前進了一步。而那些以為繞過問題一樣可以達到目的的想法,最終往往被證明是徒費工夫的,最後還是得回到原來的問題上來,而這時再解決起來就已經失去了最好的時機,「聰明」反被「聰明」誤了。

「辦法總比問題多」不是一句簡單的安慰和鼓勵,而是確鑿的事實。問題的關鍵在於:面對一個問題和困難,你是選擇處理還是不處理。這個選擇的背後,就是對利弊的權衡,對整體利益的考慮。如果想要達到目標,那就只能選擇去處理,因為逃避是解決不了問題的。

著名人際學家卡內基(Dale Carnegie)曾經歷過這樣一件事:他曾租用紐約某家飯店的大宴會廳,用來每季舉辦一系列的講座。

在某一季開始的時候,他突然接到通知,說他必須付出比以前高出 3 倍的租金。卡內基得到這個通知的時候,入場券已經印好,並且發出去了,而且所有的通告都已經公布了。

當然,卡內基不想支付這筆增加的租金,也不想讓那些準備來聽講座的人認為他是一個言而無信的人。他權衡的結果就是:講座必須照常進行。但首要的問題是,先得和飯店經理協商好租金的問題。這是擺在面前亟待解決的問題。既然決定了要處理,那就要找到解決問題的辦法。只要用心去找,一定可以找到。於是,幾天之後,卡內基去見了飯店的經理。

「收到你的信，我有點吃驚，」卡內基說，「但是我根本不怪你。如果我是你，我也可能發出一封類似的信。你身為飯店的經理，有責任盡可能的使收入增加。如果你不這樣做，你將會丟掉現在的職位。現在，我們拿出一張紙來，把你因此可能得到的利弊列出來，如果你堅持要增加租金的話。」

說完，卡內基從公文包裡取出一張紙，在中間畫了一條線，一邊寫著「利」，另一邊寫著「弊」。

他在「利」的下面寫下這些字：「宴會廳空下來。」接著他說：「你把宴會廳租給別人開宴會或開大型會議是最划算的，因為像這類的活動，比租給人家當講課場地能增加不少的收入。如果我把你的宴會廳占用 20 個晚上來講課，你的收入當然就要少一些。現在，我們來考慮壞的方面。首先，如果你堅持增加租金，你不但不能從我這裡增加收入，反而會減少自己的收入。事實上，你將一點收入也沒有，因為我無法支付你所要求的租金，我只好被逼到另外的地方去開這些課。你還有一個損失。這些課程吸引了不少受過教育、修養高的聽眾到你的飯店來。這對你是一個很好的宣傳，不是嗎？事實上，如果你花費 5,000 美元在報上登廣告的話，也無法像我的這些課程能吸引這麼多的人來你的飯店。這對一家飯店來講，不是價值很大嗎？」

卡內基一面說，一面把這兩項壞處寫在「弊」的下面，然後把紙遞給飯店經理，並對他說：「我希望你好好考慮你可能得到的利弊，然後告訴我你的最後決定。」

第二天卡內基收到一封信，通知他租金只漲 50%，而不是 300%。

顯然，卡內基找到了解決問題的辦法，也因此達到了自己的目的。他權衡的結果是還在飯店舉行講座，所以，他必須找到辦法說服飯店經理。

第八章　做問題的殺手

他採取了換位思考的方法，從飯店經理的角度，闡述了舉辦講座的利和弊，這使飯店經理更加認清了弊是大於利的，自然接受了卡內基的建議。同樣，飯店經理也達到了自己漲租金的目的，他透過向卡內基施加壓力的方法，迫使卡內基在一定程度上接受了他的意見，儘管只漲了 50％，而不是 300％，但目的也達到了，因為，他的目的是漲租金，只要漲就可以了。至於具體的數目，當然是多多益善了。

也許還會有很多的因素，左右你的決定，但產生決定因素的還是你自己，你想去處理，你就會想辦法一個一個解決掉這些困難，因為，辦法總比問題多！

▌不要逃避與推開問題

很少有問題能夠自行消失的，遇到問題就逃避的人，如同鴕鳥將頭埋在沙子中一樣愚蠢。而且，問題在很多時候還會因為不處理而惡化。除了逃避問題之外，工作上常見消極的對待問題方式還有推開問題 —— 推給上司或同事。

一個人對待問題的態度，可以直接反映出他的敬業精神和道德品行，在問題面前，你所要做的是想辦法解決問題，而不是逃避推卸，否則就會失去老闆對你的信賴，看低你的道德品行，老闆如果這樣看待你，就不會再對你委以重任。

問題來臨，不敢面對問題或將問題習慣性的往後拖延者，通常也是製造藉口與託詞的專家，是逃避責任的表現，如果你存心逃避問題，你就能找出成千上萬個理由來辯解為什麼問題無法解決，而對問題應該解決的方法卻想得少之又少。把「事情太困難、太昂貴、太花時間、問題太大」

等種種理由合理化，要比相信「只要我們更努力、更聰明、信心更強，就能解決任何問題」的念頭容易得多。

美國總統杜魯門上任後，在自己的辦公桌上擺了個牌子，上面寫著「The buck stops here.」，翻譯成中文是：「問題到此為止」，意思就是說：「讓自己負起責任來，不要無視問題或把問題丟給別人。」負責精神是解決問題的根本保證。

一個著名的企業家說：「職員必須停止把問題推給別人，應該學會運用自己的意志力和責任感，著手行動以處理這些問題，真正承擔起自己的責任來。」

在完成一項任務的過程中，如果遇到問題，千萬不要逃避，更不要推給別人，你必須想辦法自己解決它。很多人可能會說：「這太難了，我根本沒有能力做到這一點。」「我沒有這方面的經驗。」「我手頭的權力和可調用的資源不足以把事情擺平。」但真的是這樣嗎？

很多時候，問題並沒有我們所想的那麼嚴重，只要我們不去尋找做不到的藉口，不去想著推給別人，強迫自己去解決，我們通常都能很好的解決它。

一個人問心理諮商師，自己業績差，處處遭白眼，可就是無法改善。另外，父母年紀大了，可自己工作忙沒時間照顧，特別內疚。心理諮商師遞給他一張紙，讓他在紙上寫下自己最想做卻由於種種原因做不到的事。他便寫下了三項：成為業績最佳的員工。在五年內買一棟房子。每星期陪父母過週末。寫完後，心理諮商師讓他大聲的讀一遍。他站起來讀了，讀得熱血沸騰，心潮澎湃。讀完後，心理諮商師讓他在每一個願望前面加上「我不能」三個字，再大聲讀三遍。讀第一遍時，他感到心情沮喪；第二遍仍然理直氣壯；而第三遍竟有些內疚的感覺。讀完後，諮商師讓他把每

第八章　做問題的殺手

個願望前的「我不能」改成「我不想」，再讀三遍。讀第一遍時覺得有些滑稽，第二遍則若有所悟，第三遍時他聽見自己的心靈在大聲的說：「不是你不能做到這些事，而是你不想！」讀完後，諮商師又讓他將「我不想」改成「我想」再讀三遍，他讀了，感覺像自己的心靈在發誓。讀完後，諮商師又讓他在每個願望前加上「我能」讀三遍。「我能成為業績最佳的員工！」「我能在五年內買一棟房子！」「我能每星期陪父母過週末！」讀完之後，他感到自己真的能夠做到這些，所有的問題和阻礙根本就不值一提。

瞧，根本不是我們解決不了，而是我們不想解決。只要我們下定決心去面對它，我們就能輕而易舉的把它解決掉。所以，遇到問題先別忙著把它扔出去，只要你冷靜下來觀察和分析，就能認清問題，並找到解決它的辦法。

很多人在嘗試了一、兩種辦法失敗後，便會產生把這燙手的山芋扔給別人的想法，並在心裡安慰自己說：「我已經想盡辦法了，可解決不了，只能推給別人了！」事實上，僅嘗試了一、兩種根本不是「想盡辦法」，即使你已經進行了多次嘗試，也並不一定真的「想盡辦法」了。

一個孩子放學回家時發現家裡沒人，而自己又沒帶鑰匙，進不去家門。於是他便嘗試用其他的鑰匙撥弄門鎖，但失敗了。後來他又企圖從窗戶爬進去，但窗子太高而且裡面被鎖住了。種種嘗試都失敗之後，他開始坐在門前的臺階上哭泣，並委屈的嘮叨著：「所有的辦法都試過了，但都不行，怎麼辦呢？」這時，他的鄰居走了過來，並拍拍他的後背說：「孩子，你並沒有嘗試完所有的辦法，你還沒有向我求助。」說著，從口袋裡拿出一串鑰匙：「你媽媽出門之前，把鑰匙放在了我家。」

我們總認為已經想破了腦袋，進行了所有的嘗試，但事實上並沒有，在你進行了多次嘗試仍沒有任何頭緒的時候，你可以向同事或上司求

助 —— 請注意，是「求助」，而不是把包袱丟給他們自己走掉。他們可能能夠為你提供一個思路更加清晰的解決之道。

聰明的員工，要勇於面對問題，積極的尋找解決問題的方法。也只有這種勇於面對問題的員工，才是老闆心目中值得栽培的人才。

▍機會存在於問題之中

日本獅王牙刷公司董事長加藤信三年輕時是公司的普通職員。一天早上，他用自家公司生產的牙刷刷牙時，牙齦被刷出血來。他氣得將牙刷扔在馬桶裡，擦了一把臉，滿腹怨氣的衝出門去。牙齦被刷出血的情況，已經發生過許多次了，並非每次都怪他不小心，而是牙刷本身的品質存在問題。真不知道技術部的人每天都在做什麼！他來到公司，氣沖沖的向技術部走去，準備向相關人員發一頓牢騷。

忽然，他想起管理培訓課上學到的一個訓誡：「當你發現問題時，要認知到正有無窮無盡新的天地等待你去開發。」他冷靜下來，心想：難道技術部的人不想解決這個問題嗎？一定是暫時找不到解決辦法。如果能解決它，情況會怎麼樣？這也許是一個發揮自己能力的好機會呢！於是，他掉頭就走，打消了去技術部發牢騷的念頭。

自此，加藤信三和幾位同事一起，著手研究牙齦出血的問題。他們提出了改變牙刷造型、質地、排列方式等多種方案，結果都不理想。一天，加藤信三將牙刷放在顯微鏡下觀察，發現毛的頂端都呈銳利的直角。這是機器切割造成的，無疑是導致牙齦出血的根本原因，

找到了原因，解決起來就容易多了。改進後的獅王牌牙刷在市場上一枝獨秀。作為公司的功臣，加藤信三從普通職員晉升為科長。十幾年後，他成為這家公司的董事長。

第八章　做問題的殺手

時至今日，加藤信三仍然將那句影響他一生的管理訓誡作為他的做事戒律，並把這句話傳給了他的子女：當你發現問題時，要認知到正有無窮無盡新的天地等待你去開發。

對於所有為尋找機會而迷惘與苦惱的職場人士來說，最為可行的創造機會的方法，就是解決目前所面臨的問題。就像加藤信三一樣，把問題解決了，機會就出現了。

我們正身處一個紛繁複雜的社會，它好比是侏儸紀公園，只有適者才能生存。人生如戰場，試想一下，如果你身臨戰場，當你遇到困難和敵人時就趕緊後退，其後果如何？把事情做好，把問題解決掉，這不也是一種「作戰」嗎？因此，當你在自己的生活和事業中碰到問題時，與問題抗爭實際上是正常的，也極有挑戰性。我們的回答是：「戰勝問題就是強者！」那麼，靠什麼心態去解決問題、戰勝困難呢？應遵循一個原則 —— 對於能夠扭轉局勢的困難，絕不言退，發揮自己的強項！

碰到問題或困難絕不言退，發揮自己的強項，這裡有兩個方面的含義：做給自己看 —— 一個人一生中不可能一帆風順，事事順心如意。碰到問題，這並不可怕，應把問題當成是對自己的一種考驗與磨練。如果遇難即退，是成就不了大事的；而事實上也是如此，因為閃躲、逃避，無法克服問題、提升自己，自然也只能做一些無關緊要的小事情了。也許不一定能解決所有的問題，但在克服這些問題的過程中，在智慧、經驗、心志、胸懷等各方面都會有所成長，所謂「不經一事，不長一智」，說的就是這一道理。這對日後面對問題有很大的幫助，因為至少累積了經驗。做給別人看 —— 要讓別人知道你並不是一個懦弱之人，一個膽小鬼。即使做事失敗了，那樣不怕問題的精神和勇氣也會得到他人的讚賞。如果順利的克服了問題，這就更加向他人證實了自己的能力！如果有人出於對你的

不服、懷疑、中傷、嫉妒而故意對你出一些難題，你卻一一解決時，就不僅解除了他人的不良心理，而且還提高了自己的地位。

此外，贏得老闆「芳心」的機會，也在問題當中。沒有哪一個老闆不欣賞處事冷靜、善於解決問題的員工。老闆的事業需要這樣的人，而且老闆之所以能達到老闆的位置，勇於面對問題、能夠妥善解決問題正是其中的一個重要原因——這一點會讓他有對你「惺惺相惜」的感覺。

所以，工作中遇到林林總總的問題時，不要幻想逃避，不要猶豫不決，不要依賴他人意見，要勇於做出自己的判斷。對於自己能夠判斷，而又是本職範圍內的事情，大膽的去拿主意，不必全部稟明老闆。否則，那只會顯得你工作無能，也顯得老闆領導無方。讓問題在你那裡解決掉吧。解決了這些問題，你才能迎向新的契機。否則，你一輩子注定要被打入冷宮。而當周圍的人們都喜歡找你解決問題時，你無形中就建立起善於解決問題的好名聲，獲得了勝人一籌的競爭優勢，老闆也知道你是個良才。

當你看見一個問題在向你走來時，你要大聲的向它打招呼：「你好啊，問題先生！謝謝你給了我磨練的機會，以及給了我顯示本領的舞臺！」

解決問題的基本思路

從思維上認識到「問題」積極的一面，還遠遠不夠，你還要從行動上有所表示——勇於挑戰問題。要做到這一點並不容易，你首先需要掌握解決問題的科學思路。

找出問題核心

開始時必須了解問題的所在，否則必定無法深入問題核心。有些人常常在固定思維的老路上徘徊，做不了決定，原因就是沒有找到問題的癥結

第八章　做問題的殺手

所在。猶如一道簡單的數學題,如果不了解題的目的,就無法解題。

一個簡單的例子,如果有人因為靴子磨腳,不去找鞋匠而去看醫生,這就是不會處理問題,沒有找到問題的核心。從這裡我們就可以理解,為什麼去掉枝節、直搗核心是最重要的步驟了,否則,問題的本身和影子會扭成一團而理不清楚。有了問題時,就該想想這個例子,一定要掌握住問題的核心。能夠找出問題的核心,並簡潔的歸納總結出來,問題就已解決一大半了。

分析全部事實

在了解到真正的問題核心後,就要設法收集相關的資料和資訊,然後進行深入的研討和比較。應該有科學家做科學研究那樣審慎的態度。解決問題必須採用科學的方法,做判斷或做決定都必須以事實為基礎,同時,從各個角度來分辨事理也是必不可少的。

例如,現在有一個簡單的問題,為解決這個問題就在備忘錄上列出兩欄,一欄分別列出每一種解決方案的好處,另一欄列出各種方案的弊端,同時把相關的事項全部記錄。之後,就可以比較利害得失,做出正確的判斷。

一旦相關資料都齊備後,要做出正確的決定就容易多了。收集相關資料,對於理性思考的產生非常重要。

謹慎做出決定

在做完比較和判斷之後,很多人往往馬上就能做出結論。其實,下結論不必過早,試著以一天的時間把它丟在一邊,暫時忘掉。也就是說,在對各項事實做好評估之後,就要把它交給自己的潛意識去處理,讓這位善於解決問題的老手,幫助自己做出最後的決定。

或許，新的判斷或決定就會浮上心頭，等重新面對問題時，答案已出現了。

這時，還是不要立即並準備付諸行動。請冷靜一下，現在應該考慮做個試驗，由於經驗的關係，潛意識所做的判斷，還無法做到天衣無縫的地步。

小型試驗在先

思考方案在付諸實施之前條件允許的話，必須先做小型試驗，以求實踐檢驗出自己思考的正確與否。

不妨先對一、兩個人或兩、三種情況做試驗，這樣就能了解想法和事實有無出入。如有不符之處，要立刻修正。

做到這個地步，基本上就算妥當了。經過以上的步驟，事實的評價、擬定計畫、小型試驗等，然後就可導入最後的決定。這樣在無形中，就形成了一次思路清晰的思考過程。

▍方法得當方為強者

西方流行著一句十分有名的諺語，叫做：「Use your head.」（用用你的腦子。）許多有名的智者一生都在遵循著這句話，為人類解決了很多難題。

在現代社會裡，每個人都在想盡一切辦法來解決人生中的一切問題，而且，最終的強者也將是辦法最得當的那部分人。

世界著名電腦商 IBM 的前任總裁就是一個特別注重辦事方法的人，而且也十分捨得花費時間和金錢來培訓員工們思考問題想辦法的能力。他曾對外界信誓旦旦的說：「IBM 每年員工教育訓練費用的增長，必須超過公司營業額的增長。」事實也確實如此。

 第八章　做問題的殺手

在全世界 IBM 管理人員的桌上，都會擺著一塊金屬板，上面寫著「THINK」（想）。這一字箴言，是 IBM 的創始人托馬斯·J· 華生（Thomas J. Watson）創造的。

1911 年 12 月，華生還在 NCR（國際收銀機公司）擔任銷售部門的高階主管。有一天，寒風刺骨，霪雨霏霏，氣氛沉悶，無人發言，大家逐漸顯得焦躁不安。

華生突然在黑板上寫了一個很大的「THINK」，然後對大家說：「我們共同的缺點是，對每一個問題沒有充分思考，別忘了，我們都是靠動腦賺得薪水的。」

在場的 NCR 總裁對「THINK」這一字大為讚賞，當天，這個字就成為 NCR 的座右銘。3 年後，它隨著華生的離職，變成了 IBM 的箴言。

其實，「THINK」是華生從多年的推銷經驗中總結出來的。

他在西元 1895 年進入 NCR 當推銷員。他從公司的「推銷手冊」中學到許多推銷的技巧，但理論與實際總有一段距離，所以他的業績很不理想。

同事告訴他，推銷不需要特別的才幹，只要用腳去跑，用口去說就行了。華生照做了，還是到處碰壁，業績很差。

後來，他從困厄中慢慢體會出，推銷除了用腳與口之外，還得靠腦。想通了這一點後，他的業績大增。3 年後，他成為 NCR 業績最高的推銷員。這就是「THINK」的由來。

當然，用腦也有高低之別。德國著名數學家高斯（Carl Friedrich Gauss），孩童時代的聰明早被傳為佳話。小高斯和同學們在計算 1 至 100 之間的自然數之和時，都在用腦。小高斯用腦找了一條捷徑，方法得當，不消幾分鐘就算出正確答案；而其他人則用腦將一個又一個數字相加，費時費力得出的答案還較難保證不出錯。這就是方法得當的力量。

▍頭腦一定要保持清醒

行成於思，毀於隨。人在任何環境、任何情形之下，都要保持一個清醒的頭腦，要保持正確的判斷力。在人家失掉鎮靜、手足無措時，你仍保持著鎮靜；在旁人做著可笑的事情時你仍然保持著正確的判斷力，能夠這樣做的人才是真正的傑出人才。

一個易於慌亂、一遇意外事件便手足無措的人，必定是個尚未思考成熟的人，這種人不足以交付重任。只有遇到意外情況不慌亂的人，才能擔當起大事。

在很多公司中，常見某位能力平平、業績也不出眾的員工擔任著重要的職位，他的同事們便感到驚異。但他們不知道，老闆在選擇重要職位的人選時，並不只是考慮職員的才能，更要考慮到頭腦的清晰、性情的敦厚和判斷力的健全。他深知，自己企業的穩步發展，全仰賴於職員的辦事鎮定和具有良好的判斷力。

一個頭腦鎮靜的偉大人物，不會因境地的改變而有所動搖。經濟上的損失，事業上的失敗、環境的艱難困苦都不能使他失去常態，因為他是頭腦鎮靜、信仰堅定的人。同樣，事業上的繁榮與成功，也不會使他驕傲輕狂，因為他安身立命的基礎是牢靠的。

在任何情況下，做事之前都應該有所準備，要腳踏實地、未雨綢繆，否則，一旦困難臨頭，就會慌亂起來。當大家都慌亂，而你能保持鎮定之時，這就給予了你極大的力量，你就具有了很大的優勢。在整個社會中，只有那些處事鎮定，無論遇到什麼風浪都不慌亂的人，才能應付大事，成就大事。而那些情緒不穩、時常動搖、缺乏自信、危機一到便掉頭就走、一遇困難就失去主意的人，一輩子只能過著一種庸庸碌碌的生活。

第八章　做問題的殺手

海洋中的冰山，無論風浪多麼狂暴，波濤多麼洶湧，那矗立在海洋中的冰山，仍巋然不動，好像沒有被波浪撞擊一樣。這是為什麼呢？原來冰山龐大體積的八分之七都隱藏在海面之下，穩當、堅實的存在於海水中，這樣就無法被水面上波濤的撞擊力所撼動。

思想上的平穩與鎮靜是思想成熟的結果。一個想法偏激、頭腦片面的人，即使在某個方面有著特殊的才能，也總不如成熟的思想來得好。思想的片面發展，猶如一棵樹的養料全被某一枝吸去，那枝條固然發育得很好，但樹的其餘部分卻萎縮了。

許多才華橫溢的人也曾做出種種不可理喻的事情來，這可能是因為判斷力低劣的緣故，而這都妨礙了他們一生的前程。

一個人一旦有了頭腦不清楚、判斷力不健全的敗名，那麼往往終其一生事業都會沒有進展，因為他無法贏得其他人的信任。

如果你想做個能得到他人信任的人，要讓別人認為你的頭腦清晰，判斷準確，那麼你一定要努力做到件件小事都處理得當，冷靜對待。有些人做事時，尤其是做瑣碎的小事時，往往敷衍了事，本來應該做得好些，可是他們卻隨隨便便，這樣無異於減少他們成為鎮靜人物的可能性。還有些人一旦遇到了困難，往往不加以周密的判斷，而是貪圖方便草率了事，使困難不能得到圓滿的解決。

如果你能常常迫使自己去做你認為應該做的事情，而且竭盡全力去做，不受制於自己那貪圖安逸的惰性，那麼你的品格與判斷力，必定會大大的增進。而你自然也會為人們所承認，被人們稱為「頭腦清晰、判斷準確」的人。

▌將注意力集中在一點

　　你是否有時會覺得你的頭在旋轉而無法集中你的注意力，無法正確的思考問題，感到無法自控，困惑不安？你是否會對某些事感到害怕或很擔心？如果你需要清晰的思路來幫助你獲得你所期望的結果，你需要集中自己的注意力。

　　大多數人在思考一個問題時，大腦裡都會想著另一些問題。我們不會完全的集中於此時此刻所發生的事上。我們的頭腦每時每刻都在進行著交談以及擁有各式各樣的意識流。此刻你的頭腦裡正在進行著什麼樣的交談呢？你把多少注意力集中於這本書上？你的思維是否已游離至別處？

　　如果你的思維不可控制的會轉移到那些令人分散注意力或使人苦惱的事上（過去已發生，現在有可能會發生或將來會發生的事），那就說明你並沒有把你的注意力集中於你目前的問題，你的大腦在想一些其他的事。

　　注意力就好像一隻被鎖鏈套住的小狗，很容易為新奇事物所分散。我們要將心思集中在解決問題的核心上卻相當的困難，大多數人在頃刻間便讓注意力飛離了問題的核心。

　　當我們在做判斷時，整個心思必須停留在特定的問題上。當然你也必須了解，事實上心思無法完全做到集中在整個問題上，所以我們的思考過程經常容易受到外界的影響。

　　因此，我們在思考某一問題時，應該將相關因素全部寫出。

　　當我們拿出紙筆之際，應該能全面了解正在進行的事態。我們之所以對自己該決定而未能做出決定的理由之一，就是深恐一旦實行了自己所做的決定會慘遭敗績。這個恐懼心理正是讓我們遲疑不決的重要因素。一旦拿起紙筆，正視事情的存在，我們這種畏懼的心理就會自然消失。當我們

163

第八章　做問題的殺手

消除了畏懼的因素之後，對於自己的決定也就不再存在疑惑了。

現實的恐怖，並不如想像的恐怖來得可怕。面對恐懼，越是了解其真面目，就越不感覺它的恐怖之處。

要如何決定才是正確的呢？如果連自己也不知道的話，我們建議不妨試著將可以衡量的相關因素全部寫出來。只憑著空想而期望正確的思考結果是非常困難的，但只要將解決問題的想法寫在紙上，便很容易集中精神做出正確的思考。

因此，我們應將注意力集中於第一目標上。在第一目標找出之後，應清楚的寫在一張明信片大小的紙上，然後把它貼在自己容易看見的地方，譬如洗臉臺旁、梳妝臺鏡子上等，甚至每天在睡覺前或起床後，便面對它大聲唸一遍。腦中有空閒的時候，也可利用來思考如何解決這件事情，並常常想像自己成功時的情景以鼓勵自己。

如此持續一段時間之後，相信你會越來越感覺到自己正在走向目標的途中。但必須注意，這種方法肯定需要經過一段時間後才會顯出它的成績，如果只做一、兩天，是不可能收到什麼效果的。此外，這種強化欲望強度的方法必須以積極的態度從事，否則就沒有意義了，而且任何一絲消極的意念都有可能前功盡棄。若想經常維持強烈的欲望，信心是不可或缺的靈丹妙藥。但話又說回來了，靈丹妙藥服下之後，也還是需要一段時間才能遍布全身。

經過一段時間之後，透過你的思考，卡片上的文字逐漸產生了變化 —— 原本困難的問題已經轉變成清晰的解決問題的思路，這便奠定了你解決問題的基礎。

解決問題的靈感何來

我們在前面曾談及，在加藤信三未推出新式牙刷之前，牙刷總容易傷害人的牙齦。如何解決這一問題，也不是沒有技術人員攻關過，但大多是從造型、質地、排列方式等這些角度來研究與改進，效果很不理想。最後加藤信三用顯微鏡觀察到了牙刷毛的頂端形狀，才讓他豁然開竅，研製出不傷牙齦的牙刷。

此路不通時，要學會尋找一條新的途徑。在日常工作與生活中隱藏著許多解決問題的靈感，到底這些靈感從何而來呢？相信很多人都有個疑問：為什麼別人能想出解決的方法，自己大腦卻一片空白，想不出一點辦法來？

所以，平時就要訓練自己多看、多聽、多讀及多思考，不斷的動腦筋，才能從許多被忽視的資訊中，想出不錯的點子。

美國 IBM 企業為員工設計的一套訓練法，就是多看、多聽、多讀及多思考，這種訓練法使得 IBM 的業績突飛猛進，成效卓著。

訓練「如何看」，就是集中注意力和掌握對方的重點及運作方式，透過這樣的訓練激發自己的靈感。

除了訓練「如何看」外，更要訓練「如何聽」及「如何讀」，如此才能透過思考來解決許多問題。

年輕時的畢卡索獨處異鄉，窮困潦倒。因為沒有名氣，他一幅畫也賣不出去。怎麼辦？靠賣畫維生的他，不得不請畫商幫他想辦法打開銷路。

這位畫商是個相當聰明的人，他運用了一種類似反間計的點子：前往市內所有畫廊，假裝正在苦苦尋找一個名畫家的畫稿。

畫廊老闆問他究竟想找哪位畫家的畫作，他回答是一名叫畢卡索的畫

第八章　做問題的殺手

家，並且詳細介紹畢卡索的畫在巴黎以外如何搶手，使得畫廊老闆覺得，有這樣一位名畫家，自己居然不知道而大為心驚，因而立即答應他一定會仔細尋找。

後來這位畫商為了進一步挑起人們的胃口，更在報上刊登廣告尋求買畢卡索的畫。

不久，畢卡索的畫果然成了搶手貨，人們也真正認識到了它的藝術價值。這個方法使得畢卡索在巴黎藝術界樹立了很高的知名度，畫商的策略占有不可低估的作用。

靈感是可以訓練的，只要肯多看、多聽、多讀，無論什麼東西都盡量吸收！絕對有助於對事情的判斷。

尤其遇到新事物時，隨時有「為什麼」的想法是很重要的，因為讓自己的頭腦多思考，才能不斷從單向思考中解放，擺脫原有的成見，想出各種不同的解決之道。

成功潛力在哪裡？是自己的思考力。只要勤於思考，善於思考，將自己的思維激發起來，靈活運用，就能有屬於自己的發展天地。

最後，編者要提醒讀者的是：如果面對問題，你總不能妥善解決，那麼問題就會成為你工作的負擔。這不只是你本人的不幸，也是老闆的不幸。因為企業在發展過程中，總會不可避免的遭遇到各種問題的困擾。它們的出現，就像太陽日昇夜落般自然。所以，老闆們迫切需要那種能及時化解問題的人才。

第九章
光做事不行還要做人

第九章　光做事不行還要做人

　　對於公司來說，當然最希望的是員工能「做事」。「做人」的好壞，似乎不應該是老闆關注的問題。但在公司之中，往往會由於一個人不會「做人」，致使其與其他同事關係僵化或敵對，於是他在「做事」時得不到他人及時到位的協助而舉步維艱。而且，不光他一個人的工作會出現問題，還極有可能影響到整個團隊、整個公司的工作氣氛，導致整體工作績效下滑。

　　因此，我們完全可以這樣說：「做人」其實也是一種「做事」。作為公司職員，不光需要努力提高自己的做事能力，還要悉心提高自己的做人技巧。一個做事與做人的高手，是老闆求之不得的員工。

▌營造良好的人際氛圍

　　每一個現代的社會人都不是一個孤立的個人，他總會和周圍的人建立某種關係，這種關係對每個人都有著莫大的幫助。尤其是在現代職場中，分工越來越細，合作已經成了關乎事業成敗的關鍵因素，而合作之前就要與別人建立良好的人際關係。那麼，如何去建立這種關係呢？

　　人際關係的形成是需要大家在一起互相接觸，實現想法與感情的互相交流的。因為沒有人願意在繁華的都市裡選擇過魯賓遜式的生活，這種交流也是人內在的一種需求，而這種需求的滿足方式還是透過交流來得以實現的。這就好比你想讓一頭驢乖乖喝水，你不能透過暴力將驢的頭強行按到水中；你也不能實施利誘，給予牠獎賞，顯然這也是不合情理的，因為驢並沒有經過類似於馬戲團裡的訓練，牠不會懂。最好的辦法就是給驢吃草料，在草料中放入鹽。驢吃了鹽，就會口渴。口渴了，自然要喝水。這時即使你不讓牠喝也不行。所以讓驢喝水的最好的辦法是：讓驢自己心裡想喝，自覺的要求喝。

　　人際關係的建立是人內心的一種需求，在一個人的職業生涯中，怎樣

強調擁有良好的人際關係的重要性都不過分。良好的人際關係有利於營造良好、愉悅的工作氣氛，使公司充滿活力和生機，不僅提高了工作效率，而且可讓工作中的人心情舒暢，這樣的結果是管理者與員工都希望看到的。幾乎所有的成功者在其步向成功的過程中都是在處理自我與他人的關係。作為一名企業的員工，誰願意被人忽視呢？

在今天的企業中，管理者越來越重視合作的氛圍。一個員工即使能力再出眾，如果和周圍的同事不能很好的相處，影響到公司的團隊合作，那他也不是老闆需要的人才，因為老闆不會因為他而放棄絕大多數儘管不是很出眾，卻能夠積極合作，維護企業穩定和團體榮譽的普通員工。

在一個企業當中，作為員工的首要任務就是快速融入群體，進入工作姿態，盡快熟悉工作環境，掌握工作內容，與部門同事與上司團結一致，重視團隊合作精神與團體榮譽感的培養。

在 IBM，每個人都在努力縮短人與人之間的距離，創造一個良好的人際關係氛圍。托馬斯·華生曾經說過：「沒有任何事物能夠代替良好的人際關係，以及這種關係所帶來的高昂的士氣和幹勁……良好的人際關係說起來很容易。我認為，真正的經驗就是，你必須始終堅持全力以赴的塑造這種良好關係，此外，更重要的是，所有人必須形成一種團結的力量。」

有一個寓言，說的是嚴寒的冬天裡，一群人點燃起一堆火。大火熊熊，烤得人渾身暖烘烘的。有個人想：天這麼冷，我絕不能離開火堆，不然我就會被凍死。其他人也都這麼想，沒有一個人願意離開火堆去尋找新的柴火。於是這堆無人添柴的火不久便熄滅了，這群人全被凍死了。

又有一群人點起了一堆火，一個人想：如果大家都只烤火不添柴，這火遲早會滅的。其他人也都這麼想。於是大家都去拾柴，無人烤火，可是這火不久也熄滅了，原因是大家只顧拾柴，沒有烤火，均陸續凍死在撿柴

第九章　光做事不行還要做人

的路上，火最終因缺柴而滅。

又有一群人點起了一堆火，這群人沒有全部圍著火堆取暖，也沒有全部去拾柴，而是制定了輪流取暖拾柴的制度，一半人取暖，一半人拾柴，於是人人都參與拾柴，人人都得到溫暖，火堆因得到足夠的柴源不停的燃燒，大火和生命都延續到了第二年的春天。

我想用這個故事說明的道理就是：在任何組織和企業當中，要成為其中優秀的人，必須具有合適的處理與協調人際關係的能力，或者說，就是要擺正自己在組織或團體中的位置，這是做好一份工作最基本的要求。正確處理人際關係，形成相互合作、相互支持發展的良性互動關係，創造利己利人的雙贏局面，這也是個人成功的關鍵。

但是，事實不總是想像的那麼美好。人際關係需要身處其中的每個人用心去不斷的經營，是否能建立良好的人際氛圍，關鍵在於自己的心態，堅持正確的工作態度，都會有良好的人際關係。英國首相休姆（Sir Alec Douglas-Home） 曾經因為一個政策，被持相反意見的國會議員和社會輿論連續在議會和報紙上，大肆批評了一個星期，朋友對休姆很同情，忍不住問他：「這種像轟炸機傾巢而出的報復行動，你怎麼能夠受得了呢？」

「還好我身上流著蘇格蘭人堅強的血液，」休姆笑了一笑回答，「最重要的原因是每當我聽到別人批評我的政策時，我一定會這樣想：嘿！罵吧！這種廣告宣傳是不用花錢的。」

跟好心情一樣，壞心情也能傳染。想想今天辦公室瀰漫的糟糕氣氛你是不是始作俑者：一大早在電梯上，你沒理那「討厭的傢伙」；一上午你都在抱怨某個難纏的客戶；別人無心的一句話，卻覺得被嘲諷……氣氛就在這微妙的點滴中累積、膨脹，如果你是管理者，影響的範圍還要擴大，程度還要加劇。

事實上，多半人際關係的問題都是每個人不願反思自己的問題，看不到自己的限制，而光關注別人的毛病導致的。就像誰也不會把自己的缺點亮出來給人看，但卻樂意攻擊別人的缺點一樣。所以，首先要做的就是檢查自己的情緒，從自己的身上找原因。想想你在日常共事中，有沒有表現出防範、排斥和過強的競爭意識？要記住每個人都是敏感的。

另外，導致人際關係失調，人與人之間信任度、接納度變低，一個重要原因就是企業中員工個人安全感不強。這有如市場競爭激烈、員工壓力太大等原因。企業實施目標化管理，重結果，輕過程，加上沒有良好的溝通習慣，所以客觀上導致人人自危，相互設防。但是安全感不強更與個人心態有關，比如對自己的能力沒自信，甚至自卑，總擔心自己會被別人打敗，妒忌別人的出色表現，這種心態不克服，你再換環境也沒用。

同事相處的黃金法則

相聚是一種緣分，來自四面八方的我們，懷著共同的志向，相聚在一起，組成了一個相互緊密連結的群體。在工作中同事們之間相互幫助，密切配合，為一個個艱鉅的工作任務而共同努力著，這種默契和合作以及在工作中形成的深厚友誼是我們的人生財富。

同事之間相處融洽，大家心情愉快，是提高工作效率的重要保障，也是決定團隊戰鬥力的重要因素。從時間上看，同事就如同家人，甚至比和家人相處的時間還長，彼此之間還有無所不在的競爭，所以，有摩擦是難免的。在相處的問題上，盡量保持一顆開放的心，多照顧別人的感情、情緒，真正的了解和體諒，發自內心的關懷，感情就會自然而然的建立了。要知道這麼做是為別人更是為自己。

第九章　光做事不行還要做人

　　與同事相處並沒有太多的繁文縟節，但也不能大搖大擺的隨心所欲。要知道，得到一個同事的認可也許要用數年的時間，而失去一個同事的心卻不用一天。下面是同事之間相處的法則：

寒暄、招呼作用大

　　和同事在一起，工作上要配合默契，生活上要互相幫助，就要注意從多方面培養感情，製造和諧融洽的氣氛，而同事之間的寒暄有利於製造這種氣氛。比如，早上上班見面時微笑著說聲「早安」，下班時打個招呼，道聲「再見」等等，這對培養和製造同事之間親善友好的氣氛是很有益處的。另外，外出公差或工作時間要離開座位辦件急事，也最好向同事通知一聲，打個招呼，這樣如果有人找時，同事就可說明你的去向。如果來了急事要處理，同事也好幫忙處理。寒暄、招呼看起來微不足道，但實際上它又是一個表現同事之間相互尊重、禮貌、友好的大問題。

共事合作不能「挑肥揀瘦」

　　與同事們一起共同合作，切莫「挑肥揀瘦」，把麻煩事、累事、利少、難辦的推給別人；把輕鬆、舒服、有利可圖的工作攬下給自己；同事們拚命努力，你卻暗地裡投機取巧。這樣他們就會覺得你奸猾、不可靠，不願與你合作共事。同事之間只有同心協力，不斤斤計較，協同合作，才能共謀大業，共同發展。

共事合作要有誠心

　　俗話說「人心齊，泰山移」，與同事共事一定要講誠信，互相信任，互相支持，互相幫助。在同事面前莫耍花招，要說一不二。如果共事時貌合神離，心懷鬼胎，該出手相助時，卻偏偏袖手旁觀，甚至耍手段坑害同

事，時間一長，必然會被識破，失去同事的信任，最後成為孤家寡人，一事無成。

同事面前不要吹牛

同事之間能力大小總會有差異，如同十個手指有長短一樣。如果你才華出眾，能力強，辦事效率高，在同事面前不要自高自大，盛氣凌人。對於能力稍差的同事不屑一顧，只能招致他人的反感和牴觸，因而失去與更多同事合作的機會，失道寡助，最後把自己置於孤立無援的境地。

獲得佳績不要炫耀

工作中獲得了成績，心情感到喜悅和高興，這是人之常情，但千萬不可在同事面前炫耀賣弄。過多談論自己的成績、功勞，就會使同事感到有抬高和顯示自己，輕視或貶低他人之嫌。因為自吹自擂者，要誇的自己都誇了，別人還有什麼可說的呢？要講的也只有對你的「反感」了。

不要苛求和挑剔同事

每一個人都會有自己的缺點和不足，與自己相處的同事也是一樣，工作和生活中總會出現一些過失、缺點，甚至錯誤，這是在所難免的。對於同事的過失和一些錯誤，要善於體諒和寬容。

人非聖賢，孰能無過？對於同事的過失和不足，只要不是原則問題，只要不影響大局和全局，除進行友善的幫助和提醒之外，更重要的是採取寬容和大度的態度去原諒別人，只有這樣才能贏得同事的友情和精誠合作。如果採取苛刻和挑剔的態度對待同事，那麼同事在你眼中一切都不會如意。同樣的，同事也不會與你同心同德來共事。

第九章　光做事不行還要做人

及時消除誤解和隔閡

同事們長期在一起共事，接觸的機會多，發生分歧和摩擦的因素也會多。比如：做工作計畫時意見有分歧；評鑑時同事的觀點不一致；對他人的優缺點評價不中肯等等。有些矛盾是自覺造成的，也有些摩擦和隔閡是不自覺造成的。因此說，同事中出現一些誤解和隔閡是難免的，也是正常的。這些誤解和隔閡的存在並不可怕，問題的關鍵是要及時消除誤解和隔閡，不讓矛盾和摩擦繼續發展和惡化。是誤解的要及時說明和解釋，如不便說明或解釋不清的，最好請其他同事幫助。如果自己確有過錯，就要及時賠禮道歉，賠償損失，求得同事諒解。對於同事的過錯，能諒解的盡量採取寬容態度。實在想不通的，也不要放在心裡嘔氣，乾脆開誠布公的找同事談談，只要注意說話誠懇，態度和善，事理充分，相信別人還是能夠接受你的意見的。如果對同事中產生的誤解和隔閡不及時消除，讓其積壓成怨，以後矛盾就難以解決了。當然，同事之間也就不好合作共事了。

不搬弄是非

和同事相處不搬弄是非，這一點也是很重要的。比如有的人在老李的面前講老張的不是，在老張的面前又講老李的不是；還有的人喜歡道聽塗說，傳小道消息。這樣一來，同事間就會糾葛不斷，風波迭起，搞得同事之間不得安寧。因此如果希望同事之間相安共處，就不要搬弄是非，不該問的不去問，不該說的不去說。不要對一些同事論長道短，也不要對不清楚的事亂發議論，要加強品德修養。一個人應該養成在背地裡多誇讚別人的好處，少講或不講別人的壞處的習慣。

關心同事，樂於助人

在生活和工作中誰不會遇到一些波折和困難呢？和同事相處，切忌「萬事不求人」和「萬事不助人」的錯誤想法。俗話說：「天有不測風雲，人有旦夕禍福。」誰能保證自己一生不會遇到意外和不幸呢？顯然不能。如果你遇到意外的打擊，同事對此不聞不問，本可以幫助你解脫困境而不予幫助，可以使你免受痛苦而不幫助你解脫，你會怎樣想呢？因此，同事之間要相互關心，相互幫助，特別是在同事危難之時，要伸出援助之手，扶助一把。比如，同事有病，身體不好，工作上盡量照顧一些；同事家裡發生變故，你要及時伸出自己的手，從物質及精神上給予力所能及的幫助。

▎掌握好與老闆的距離

作為一個員工，老闆在很大程度上掌握著我們的發展命脈。升遷、加薪、培訓等各種機會都掌握在他的手上，和老闆打好關係是每個員工都必須要做的事情。要和老闆打好關係，和老闆保持適當的距離是很重要的。

有很多人訴苦，認為老闆如「小人」：近之則不遜，遠之則怨。和老闆交往過密，會引起老闆的不快，同事也會說你阿諛奉承。而如果對老闆敬而遠之，老闆就不會了解你，老闆不了解你，也就不會信任你，不信任你自然就不會重用你。

的確，和老闆相處，過於親密，往往弊大於利。其中的理由是顯而易見的，老闆和你的地位不同，關係過於親密，就有一種平等化的趨勢，這會扭曲和干擾上下級之間的正常關係。而且，與老闆過於親密，就容易讓他失望。你越是親近老闆，他就越對你提出更多的要求。而你總有達不到

175

 第九章　光做事不行還要做人

的時候，這難免失去信用，而他也會因此對你感到失望。兩個人長期來往，缺點洞若觀火，這時對你不是一件好事，偶爾言及他的缺點，一不高興，會危及到你的職位。俗語說，僕人面前無偉人，老闆在某種程度上，思想有所威儀，而你和他過從甚密，他就難以進入角色，顯不出那一份尊重來。

另外，與老闆過於親密，也容易失去其他人緣。你把精力都用在和老闆的周旋上，關係過於親近，倘若同事們看不慣，你不僅會落一個「影子」的名聲，也會招致同事的輕視和討厭，甚至有些人還會起來去拆你的臺。

所以，妥當的、危險性小的辦法是走中間道路，即「和老闆保持一定的距離」，既不引人注目，也不默默無聞；既讓老闆感覺到你的存在，但也不要讓老闆覺得你無所不在。

與老闆保持適當的距離，應掌握住以下幾點。

· **保持工作資訊溝通，不打聽個人生活問題**：要注意保持工作上的溝通，資訊上的溝通，一定的想法和情感上的溝通。

但要十分注意的是，不要打聽和窺視老闆的家庭祕密，不要去探聽和抖落老闆的個人隱私。對於老闆在工作中的性格、作風和習慣，你可以去多側面的了解，但對他個人生活中的一些習慣和嗜好則不必過分打聽。

· **只了解主要和必要問題**：和老闆保持相對的距離，還要注意掌握老闆的主要意圖和主張。但不要事無巨細，鬍子眉毛一把抓。去熟悉他工作的具體步驟和方法措施，這樣會使他如芒刺背，感覺到你的眼太明，耳太聰，會認為你礙手礙腳，不便於他實際工作的進行。

他是老闆，你是員工，他肯定有一些事需要向你保密。一部分事你知

道就行了，完全不必去追根問底。所以，切忌不要成老闆的「顯微鏡」和「跟屁蟲」。那樣的話，同事們是會用有色眼鏡來看你的。

· **注意場合**：和老闆保持相對的距離，還有一點要留神，這就是要注意區分不同的時間、場合和地點。有些事可以在私下談，但在工作時間或公開場合，就應該有所收斂或者有所避諱，以免授人以柄。

· **虛心而有主見**：和老闆保持適當的距離，還有一個非常重要的方面需要提及，這就是要虛心接受老闆對你的所有批評，但同時也應有自己的獨特見解。傾聽老闆的所有意見，而發表自己的意見應小心謹慎，避免讓人留下人云亦云的感覺。服從老闆的指揮，但不簡單馴服，否則他會認為你只能使用，而不宜重用。

· **要注意接觸頻率**：尤其是老闆不只一位的情況下，更要時常檢查自己，有沒有與某一位接觸過於頻繁，必須謹慎處之。如果工作之餘經常與某一位接觸，則容易引起種種不必要的猜測。你雖「君子坦蕩蕩」，但總有「小人常戚戚」，還是適當注意為好。由於工作關係，你可能與某位接觸較多，而與其他的接觸較少。因此，你應當注意調節「頻率開關」，尋找與接觸較少的打交道的機會。從保持良好的人際關係角度看，這種感情上的「平衡」還是很必要的。

辦公室和諧之十大策略

與同事相處並沒有太多的繁文縟節，但也不能大搖大擺的隨心所欲。要知道，得到一個同事的認可也許要用數年的時間，而失去一個同事的尊重卻不用一天。下面是辦公室人員和諧的十大策略。

 第九章　光做事不行還要做人

尊重別人的私人空間

在辦公室裡，私人空間是很寶貴的，必須受到尊重。「打擾了」、「不好意思」是有求於人或打斷別人工作時必不可少的說辭。另外，謹記先敲門再進入別人的辦公室，不要私自打開他人的電腦，不要私自閱讀別人辦公桌上的信件或文件，未經許可不可翻閱別人的名片盒。

辦公室禮儀

關於電話：若打進的電話裡找的同事恰巧不在，你要記得詢問對方是否有什麼需要轉告，如果有，用筆記下來，記得在同事回來後立即交給他。或者，請對方留下姓名與電話。

關於影印機：當你有一大疊文件需要影印，而在你之後的同事只想影印一份時，應讓他先用。如果影印機紙用完了，謹記添加；若紙張卡紙，應先處理好再離開，如不懂修理，就請別人幫忙。

關於走廊：除非必要，別打斷同事間的對話。假如你已經打斷，應確保原來的同事不被忽略。

保持清潔

關於辦公桌：所有食物必須及時吃完或丟掉，否則你的桌子有可能會變成蒼蠅密布的垃圾堆。

如果有公共廚房：別將用過的咖啡杯放在洗碗槽內，亦不要將糊狀或難以辨認的垃圾倒入垃圾箱。此外，避免用微波爐加熱氣味濃烈的食物。若菜汁四濺，謹記清理乾淨後再離開。若你喝的是最後一杯水，請添補。

關於洗手間：如廁後謹記沖廁並確保所有「東西」已被沖走；若衛生紙用完，請幫忙更換新的；廢物應正確的丟入垃圾桶。

有借有還

假如同事順道替你買外賣，請先付所需費用，或在他回來後及時把錢交還對方。若你剛好錢不夠，也要在翌日還清，因為沒有人願意厚著臉皮向人追討欠款。同樣的，雖然公司內的用具並非私人物品，但亦須有借有還，否則可能妨礙別人的工作。

嚴守條規

無論你的公司如何寬鬆，也別過分從中取利。可能沒有人會因為你早下班 15 分鐘而斥責你，但是，大模大樣的離開只會令人覺得你對這份工作不投入、不專業，那些須超時工作的同事反倒覺得自己多餘。此外，亦別濫用公司給你應酬用的金錢作私人用途。

守口如瓶

即使同事在某項工作的表現不盡理想，也不要在他背後向其他人說起，說是道非最容易引起同事們的不信任。道理非常簡單：當某同事在你面前說別人是非時，難道你不會懷疑他在其他人面前如何形容你？

上司通常極厭惡搬弄是非。若你向上司打小報告只會令他覺得雖然你是「局內人」，卻未能專心工作。假如上司將公司機密告訴你，謹記別洩露一字半句。

切忌隨意插話

別人發表意見時中途插話是一件極無禮的事情，更影響別人對你的印象和你的信譽。在會議中（或任何別人發言的時候），請留心別人的說話內容。若你想發表意見，先把它記下，待適當時機再提出。

第九章　光做事不行還要做人

別炫耀

　　若你剛去過充滿陽光的海灘度假，當然不能一下子掩蓋你古銅色的肌膚，但也別連氣也幾乎喘不過來的在同事面前手舞足蹈的描述你愉快的假期；亦不要在尚是單身的同事面前誇耀你那俊朗不凡、體貼入微的伴侶或戀人；又或在肥胖的同事面前自誇「吃什麼也不會胖」，這樣只會令別人疏遠你。

多稱讚別人

　　現代人可能太忙，對事情往往無暇做出正面的回應（例如說聲「謝謝」或讚美的話語），忽略了這種簡單有效卻隨時能令對方助你一把的言辭。Lily 的上司總是在每天下班前感謝她所做的一切和努力，令 Lily 非常滿足，亦下決心要全力為上司工作。只要你多稱讚別人，便可能得到不可估量的回報。

別浪費他人時間

　　浪費別人的時間是最常見的過錯，許多人之所以要把工作帶回家，全因只有這樣才可在沒有任何妨礙下完成工作。

　　別寫長篇大論的電子郵件：可用標題顯示「緊急」，內容也要務求簡潔。

　　別抱著電話不放：即使是公事，也要簡明扼要；假如你和別人通話時，一個更重要的電話進來，應請第一談話方先掛斷，遲些再回覆他。

　　準時：對準時的人來說，要等待遲到的人開會絕對不是好事。

　　別煩擾上司：不要事無大小都請示上司。若真需要上司的幫忙，應先預備答案再尋求他的指引。

別多嘴：本來同事之間傾談並無不妥，但也要自律。

職場上班族新新同事規則

在 IT 界、新聞媒體、律師事務所、網路公司等聚集了青年才俊的行業裡，同事關係與過去相比已有了很大變化。同事間不再像過去那樣暗地裡搞鬼，不屑於用那些背後損人的花招，他們關心的是怎樣才能透過最佳的合作達到資源的最好組合，帶來最多的效益。不僅在工作上這樣，在生活上也是如此，他們認為這種新型的同事關係是互動互惠的。如果你是一個已置身這些職場或是準備投入其中的上班族，對這種新的「遊戲規則」就要有更多的了解，才能與他們和諧相處，並從中享受這樣的同事關係所帶來的好處和樂趣。

透明競爭，不可玩弄陰招

對於你的老闆來說，他們看中的是你的才能與創意可以為事業帶來的活力和效益，用人的目的很明確，所以晉升和加薪的標準是你的業績，採用的是透明的競爭機制，而任人唯親或拉幫結派則是大忌。周圍的同事也討厭那些喜歡搬弄是非、玩弄陰招的人，他們更願意與那些有才氣且志趣相近的同事相處。許多新行業需要的是團隊的配合，同事時常一起加班研討，長時間的共處，彼此更為了解，往往成為知心朋友，這點與傳統的職場人際關係完全不同。所以你不要抱著同事是「冤家」、「敵人」的成見，否則你就會難以立足，更別提發展了。你與新新同事的共處原則是彼此尊重、配合，然後儘管施展你的才華，在透明競爭中求發展。

第九章　光做事不行還要做人

交友有度，不要過問隱私

　　新新同事的生活方式、想法觀念大都較為前衛，許多的私事不喜歡讓人知道，哪怕是最要好的朋友。他們比其他的群體更注意捍衛自己的隱私權，所以你可別輕易侵入對方的這個「領地」，除非對方自己主動向你說起。在他們看來，過分關心別人隱私是無聊、沒有修養的低素養行為。這就意味著你與這類同事在一起時，得掌握交友的尺度，工作或是資訊上的交流、生活上的互助或是一起遊玩，都是讓雙方感到高興的事，但別介入他們的隱私，不然你會令對方感到討厭，並且因此而把你看作是無聊之輩，輕視了你。

不要把個人喜惡帶入辦公室

　　你有自己的喜惡，但要記住切勿將此帶入職場，因為你的那群新新同事可能都很有個性，有自己獨特的眼光。也許他們的衣著打扮或是言談舉止不是你所喜歡的，甚至為你所討厭，你可以保持沉默，不要去妄加評論，更不能以此為界，劃分同類和異己，你最好能多點「兼容」。要是為此而惹惱他們，那你會樹敵過多，在辦公室的處境就大大不妙了。相反的，你的包容則會贏得他們對你的尊重與支持。

尋找相近的樂趣，增加親密度

　　作為新新同事，他們不怕加班，可他們更懂得享受，他們要賺更多的錢，然後讓自己的生活過得更有樂趣，所以在閒暇之餘，他們喜歡與同事一起出去分享快樂，郊遊、跳舞、品酒等等，內容豐富多彩。所以你不妨多找些與他們相近的愛好和樂趣，邀他們一起行動，共同分享，並藉此增加彼此間的了解與親密，這不僅讓你獲得更多的快樂和輕鬆，減緩內心的壓力，更有助於培養一個和諧的人際關係，從而在工作上搭配得更好。

不要拒絕做他們的生活夥伴

在傳統職場上，同事間除了工作上的接觸，生活上幾乎沒有來往，甚至大家都在有意躲避，可對於新新同事來說，同事間應當是最好的生活夥伴，互相幫忙和照應是最方便不過的，比如一起租一間好住宅，一起搭計程車上下班，既方便也實惠。所以當同事有意接納你做他們的生活夥伴，請你與他（她）一起居住或是結伴時，你不要抱著不相往來的心理，而要高興的接受，因為這在經濟上是互惠互利，在工作上則提供了方便之處，也促進了人際關係上的融合。

經濟往來，均分制是最佳選擇

對於新新同事來說，都有挺可觀的收入，加上樂於享受生活，所以會經常聚會遊玩，還會產生各種新型的生活組合，經濟上的來往較多，最好的處理方法就是採用均分制。這樣大家心裡沒有負擔，經濟上也都承受得起，除非你有特別的原因向大家講明白，不然千萬不可「小氣」了，把自己的錢包握得緊緊的，他們會看輕了你。當然如果是碰上同事有了高興的事主動提出請客，你就給對方一個面子吧，不過最好多說些祝賀的話。

與新新同事相處，只要你按規則處事，就會覺得更輕鬆更有樂趣，他們對你的事業和生活會有更多的益處，你完全可以懷著快樂的心情走進他們的中間，成為其中的一員。

▎同事之間有矛盾怎麼辦

一個人要想在工作中面面俱到誰也不得罪，恐怕是不可能的。因此，在工作中與其他同事產生某些衝突和意見是很常見的事，碰到一、兩個難以相處的同事也是很正常的。

第九章　光做事不行還要做人

　　應該說，同事之間儘管可能會有矛盾，但仍然不妨礙大家在一起工作。首先，任何同事之間的意見往往都是由工作上的一些小事引起，而並不涉及個人的其他方面，事情過去之後，這種衝突和矛盾可能會由於人們思維的慣性而延續一段時間，但時間一長，也就會逐漸淡忘了。所以，不要因為過去的小意見而耿耿於懷，只要你大大方方，不把過去的衝突當一回事，對方也會以同樣豁達的態度對待你。

　　其次，即使對方仍對你有一定的成見，也不妨礙你與他的交往。因為在同事之間的來往中，我們所追求的不是朋友之間的那種友誼和感情，而僅僅是工作，是共事。彼此之間有矛盾沒關係，只求雙方在工作中能合作就行了。由於工作本身涉及雙方的共同利益，彼此間合作如何，事業成功與否，與雙方都有關係。如果對方是一個聰明人，他自然會想到這一點，這樣，他也會努力與你合作。如果對方執迷不悟，你不妨在合作中或共事中向他點明這一點，以有利於大家在以後的工作中進一步合作。

　　有時，當你與某個同事發生衝突時，你卻與大多數人的關係都很融洽，所以，你可能會覺得問題不在於你這一方，你甚至發現許多同事也和他有過不愉快的經歷，於是，大家都不約而同的將矛頭指向了那個人，所以，你會認為是他造成這種不融洽局面的。

　　但是你並沒有多花一點時間去進一步了解對方，也沒有創造一些機會去心平氣和的與對方在一起闡述各自的看法，因而，由於相互缺乏對對方的了解和信任，個人間的關係也就會不斷倒退。怎樣才能夠改變這種局面、改善彼此的關係呢？

　　你不妨嘗試著拋開過去的成見，更積極的對待這些人，至少要像對待其他人一樣對待他們。一開始，他們也許會有所顧慮，認為這是個圈套而不予理會，一定要耐心一點，你要知道平息過去的積怨的確是一件費工夫

的事。你要堅持善待他們，一點點的改進，過了一段時間後，相互之間的誤會就會如同陽光下的水滴，一蒸發便消失了一樣。

也許還有更深層的問題，他們可能會記起你曾在某些方面怠慢過他們，也許你曾經忽視了他們提出的一個建議；也許你曾在一些工作問題的決策時反對過他們，而他們將這些問題歸結為是個人的原因；還有可能你曾對他們的工作很挑剔，而恰好他們聽到了你的話，或是聽見了有一些人在背後的議論。

那麼，你該做些什麼呢？如果聽之任之將是很危險的，它很可能會在今後形成新的矛盾和積怨。最好的方法就是主動去找他們溝通，並承認你也許不經意的做過一些得罪了他們的事。當然，這要在你做了大量的溝通工作後，且真誠希望與對方和好，才能這樣行動。

他們可能會客氣的說，其實你並沒有得罪他們，而且會反問你為什麼有這樣的想法？你可以心平氣和的慢慢的講出自己的想法，比如你很看重和同事們都建立良好的工作關係，也許雙方存在誤會等等，並坦誠的表示如果你確實做了令他們生氣的事，你願意誠心誠意的道歉。我想持這種誠懇態度，一般人都會冰釋前嫌的。

也許他們會告訴你一些問題，而這些問題與你心目中所想的並不一致，然而，不論他們講什麼，一定要聽他們講完。同時，為了能表示你聽了而且理解了他們講述的話，你可以用你自己的話來重述一遍那些關鍵內容，例如，「也就是說當時我放棄了那個建議，你覺得我並沒有經過仔細考慮，所以這件事使你生氣。」現在你知道問題出在哪裡，而且可以以此為重新建立良好關係的切入點，但是，良好關係的建立應該從求同存異、真誠道歉開始，你是否善於道歉呢？

如果同事的年齡與資格比你老，你不要在事情剛剛發生的時候當面與

 第九章　光做事不行還要做人

他對質，除非你肯定你的理由十分充分。更好的辦法是在你們雙方都冷靜下來後再解決。等到時機成熟後，你可以談一些相關的問題，當然，你可以用你的方式提出問題。如果你確實做了一些錯事並遭到大多數人的指責，那麼你就要重新審視那個問題，並要真誠的主動道歉。類似「這是我的錯」，這種話是可以冰釋前嫌，創造奇蹟的。

第十章
忠誠會令你更受器重

第十章　忠誠會令你更受器重

　　一說到忠誠，編者的腦海裡總是浮現 10 年前一位企業家敗走時的情景：昔日的財富新貴，突然一貧如洗，事業垮了、錢包空了，手下的員工也大都樹倒猢猻散……似乎一切都顯示他像一個項羽式的悲劇英雄。然而，在他持戈獨徬徨之際，還是有一些忠心耿耿的部下跟隨著他易地而戰，最終東山再起，擺脫了項羽式的悲劇結局。

　　創業是很困難的，一個失敗的創業者東山再起更是難上加難。這位企業家卻成功了，他的成功，離不開那群忠心耿耿的人。企業家的一名手下一直不明白，企業家為什麼總是重用他的老部下，而不對外應徵重要人才。一位總裁的分析是，企業家敗走的時候，是一群忠心的人幫助了他。所以，現在企業家還用忠心的人。這種分析或許有一定道理，但編者認為：企業家重用老部下，不應該是完全出於一種「報恩」或「感謝」的心理（要感謝有其他方式，沒有必要拿企業重要位置來「開玩笑」），更重要的原因是 —— 他體會到了忠誠的下屬不僅是他過去所需要的，而且是現在與將來都十分需要的。

忠誠勝於能力

　　員工的忠誠與能力，是每一個老闆都需要、喜歡而且器重的。然而，假設忠誠與能力不可兼得，相信每一個老闆都會毫不猶豫的選擇忠誠。道理很簡單，有能力而不夠忠誠的人，有時候能力越大破壞性越強；而能力欠缺卻忠心耿耿的人，至少不會有強大的負作用。做一個忠誠的人，是贏得老闆欣賞的一個重要法寶。

　　全球 500 大企業選用人才的第一標準是：具有忠誠的專家級人才。「忠誠」排在「專家」之前，應該能說明點什麼。在這個世界上，有才

華的人太多了，但有才華而又忠誠的人卻不多。只有忠誠與能力共有的人，才是全球 500 大企業所需要的。

「忠誠」是優秀的文化遺產之一，有關忠誠的歷史典故如恆河之沙。只是，歷史的車輪在近代的顛簸，似乎將這一歷史遺產拋棄了不少。唯利是圖、有奶便是娘的陋習逐漸抬頭。不少人在努力提升個人能力的時候，忽視了對忠誠的培養。結果，我們這個社會上遊蕩著一批能力超群卻又忠誠不足的「人才」，他們唯利是圖，目光短淺，他們首先想到的不是為企業創造價值，而是首先計算自己的報酬。在他們眼中，與之朝夕共事，給他們工作、給他們機會的老闆，還不如大街上一個素昧平生的人。當受到老闆責備時，他們敵視老闆，甚至把公司的商業祕密公布天下，使企業遭受一些損失。企業發展了，這些人會認為是由於他個人的原因，與老闆討價還價，或心存妒忌。幾乎每一個優秀企業都非常強調忠誠，在這些企業裡，忠誠是勝於能力的，你有專家級別的技能，但如果缺乏忠誠，你就不可能進入這些企業。

美國的海軍陸戰隊是目前世界上最精銳的部隊之一，是作戰能力最強的部隊。要在這個部隊中生存，除了要具備世界第一流的作戰技能以外，還要具備忠誠的特質，忠誠於國家，忠誠於部隊，忠誠於上級，忠誠於戰友，忠誠於自己。「永遠忠誠」是海軍陸戰隊的作戰箴言，正是忠誠成就了這個世界頂級作戰團隊。

現在，許多世界級的優秀企業，在應徵人才時，甚至要對應徵者進行忠誠度測試。其測試的方式是多種多樣的，有專業試題，也有隨意性的談話，甚至在很多時候，雖然已經被測試了，本人卻不知道。李開復博士在他的一本書中，就介紹了他在微軟主持面試時，因為應徵者忠誠度問題而被拒絕錄用的故事。其大致經過是這樣的，在面試過程中，應徵者無意中

 第十章　忠誠會令你更受器重

透露自己手裡開發了一個程式，如果李開復錄用他的話他可以帶過來。李開復聽了，當即在心裡就將這個人給槍斃了。儘管這個應徵者在說完之後發現自己這樣做不太妥當，一再聲稱程式的開發並非職務行為，完全是自己在業餘時間裡獨立做的。但這番說辭並沒有說服李開復。一個頗有能力的人才，就這樣錯過了一個進入微軟的機會。

如果你留心觀察，就會發現：越是離老闆近的，越是忠誠。是忠誠決定員工在組織中的真正地位。在任何企業裡，都存在一個無形的同心圓，圓心是老闆，圓心周圍是忠誠於企業、忠誠於老闆、忠誠於職業的人。離老闆越近的人，是忠誠度越高的人，而不一定是職位越高的人。很多高層管理者天天和老闆打交道，卻未必得到老闆的信任，可能就和忠誠度不夠有關。很顯然，越靠近「同心圓」圓心的人，越可能獲得穩定的職業和穩定的回報。

因此，員工在完善和提升個人特質時，應當時刻記住：忠誠勝於能力！當然，忠誠勝於能力，並不是對能力的否定。一個只有忠誠而無能力的人，是無用之人。忠誠，是要用業績來證明的，而不是口頭上的效忠，而業績又是要靠能力去創造的。比如，一個天天跪在你面前表示忠誠於你，卻不能為你做任何事的「忠誠」者，並沒有多大的價值與意義。

此外，有些表面上「絕對忠誠」於老闆的人，實質上是一些無能之人，他們做不出什麼業績來，只好偽裝出忠誠的面孔來討好老闆。他們似乎在說「老闆，我如此忠誠，我應該得到回報」。這樣的忠誠沒有什麼意義。企業的利潤要靠汗水去創造，並不是員工表表忠心就能得到的。忠誠，不應該成為掩蓋自己無能的藉口。

忠誠乃立身之本

忠誠是員工的立身之本。一個稟賦忠誠的員工，能給予他人信賴感，讓老闆樂於接納，在贏得老闆信任的同時，更能為自己的發展帶來莫大的益處。相反，一個人如果失去了忠誠，就等於失去了一切 —— 失去朋友，失去客戶，失去工作。從某種意義上講，一個人放棄了忠誠，就等於放棄了成功。

一個人任何時候都應該信守忠誠，這不僅是個人品格問題，也會關係到公司的利益。忠誠不僅有道德價值，而且還蘊含著龐大的經濟價值和社會價值。

儘管現在有一些人無視忠誠，利益成為壓倒一切的需求，但是，如果你能仔細的反省一下，你就會發現，為了利益放棄忠誠，將會成為你人生中永遠都抹不去的汙點，你將背負著這樣一個十字架生活一輩子。

沒有哪個公司的老闆會用一個對自己公司不忠誠的人。「我們需要忠誠的員工。」這是老闆共同的心聲，因為老闆知道，員工的不忠誠會為公司帶來什麼。只有自下而上的做到了忠誠，才可以將所有的人擰成一股繩，拉動公司的船前行。相反，就可能毀了一個公司。

越來越激烈的競爭中，人才之間的較量，已經從單純的能力較量延伸到了品德方面的較量。在所有的品德中，忠誠越來越得到組織的重視，從某種意義上說，忠誠更是一種能力，因為只有忠誠的人，才有資格成為優秀團隊中的一員，才能更好的發揮自己的能力。

鮑伯是一家網路公司的技術總監。由於公司改變發展方向，他覺得這家公司不再適合自己，決定換一份工作。

以鮑伯的資歷和在業界的影響，加上原公司的實力，找份工作並不是

第十章　忠誠會令你更受器重

件困難的事情。有很多家企業早就盯上他了，以前曾試圖挖走鮑伯，都沒成功。這一次，是鮑伯自己想離開，這真是一次絕佳的機會。

很多公司都拋出了令人心動的條件，但是在優厚條件的背後總是隱藏著一些東西。鮑伯知道這是為什麼，但是他不能因為優厚的條件就背棄自己一貫的原則，於是鮑伯拒絕了很多家公司對他的邀請。

最終，他決定到一家大型企業去應徵技術總監，這家企業在全美乃至世界都有相當的影響力，很多業界人士都希望能到這家公司來工作。

對鮑伯進行面談的是該企業的人力資源部主管和負責技術方面工作的副總裁。對鮑伯的專業能力他們並無挑剔，但是他們提到了一個使鮑伯很失望的問題。

「我們很歡迎你到我們公司來工作，你的能力和資歷都非常不錯。我聽說你以前所在的公司正在著手開發一個新的適用於大型企業的財務應用軟體，據說你提了很多非常有價值的建議。我們公司也在策劃這方面的工作，你能否透露一些你原來公司的情況？你知道這對我們很重要，而且這也是我們為什麼看中你的一個原因。請原諒我說得這麼直白。」副總裁說。

「你們問我的這個問題很令我失望，看來市場競爭的確需要一些非正當的手段。不過，我也要令你們失望了。對不起，我有義務忠誠於我的企業，任何時候我都必須這麼做，即使我已經離開。與獲得一份工作相比，忠誠對我而言更重要。」鮑伯說完就走了。

鮑伯的朋友都替他惋惜，因為能到這家企業工作是很多人的夢想。但鮑伯並沒有因此而覺得可惜，他為自己所做的一切感到坦然。

沒過幾天，鮑伯收到了來自這家公司的一封信。信上寫著：「你被錄用了，不僅僅因為你的專業能力，還有你的忠誠。」

其實，這家公司在選擇人才的時候，一直很看重一個人是否忠誠。他們相信，一個能對原來公司忠誠的人也可以對自己的公司忠誠。這次面試，很多人被刷掉了，就是因為他們為了獲得這份工作而對原來的公司喪失了最起碼的忠誠。這些人當中，不乏優秀的專業人才。但是，這家公司的人力資源部主管認為，一個人不能忠誠於自己原來的公司，很難相信他會忠誠於別的公司。

由此可見，一個人的忠誠不僅不會讓他失去機會，還會讓他贏得機會。除此之外，他還能贏得別人對他的尊重和敬佩。人們似乎應該意識到，獲得成功最重要的因素不是一個人的能力，而是他優良的道德品質。所以，阿爾伯特·哈伯德（Elbert Green Hubbard）說：「如果能捏得起來，一盎司忠誠相當於一鎊智慧。」

▋忠誠不談條件

對於一個公司而言，員工必須忠誠於公司的領導者，這也是確保整個公司能夠正常運行、健康發展的重要因素。拿破崙說過，沒有忠誠的士兵，沒有資格當士兵。同理，沒有忠誠的員工，也沒有資格當員工。

忠誠不僅會為公司、為老闆帶來龐大的收益，而且還會為員工自身帶來很大的益處。公司是一個一榮俱榮，一損俱損的利益共同體，可以說，員工忠誠於老闆，就等於忠於自己。美國海軍陸戰隊士兵手冊中有一段話，對忠誠的解釋十分精彩，它是這樣說的：

忠誠不談條件，
忠誠不講回報，
忠誠是一種義務，

第十章　忠誠會令你更受器重

忠誠是一種責任，

忠誠是一種操守。

忠誠是人生最重要的品質，

海軍陸戰隊首先不會給你什麼，

但你要給海軍陸戰隊絕對的忠誠；

如果你給了海軍陸戰隊絕對的忠誠，

海軍陸戰隊就會給你終生的榮譽！

忠誠為什麼不談條件？

因為忠誠是一種與生俱來的義務。你是一個國家的公民，你就有義務忠誠於國家，因為國家給了你安全和保障；你是一個公司的員工，你就有義務忠誠於公司，因為公司給了你發展的舞臺；你是一個老闆的下屬，你就有義務忠誠於老闆，因為老闆給了你就業的機會；你在一個團隊中擔任某個角色，你就有義務忠誠於團隊，因為團隊給了你展示才華的空間；你和搭檔共同完成任務，你就有義務忠誠於搭檔，因為搭檔給了你支持和幫助……總之，忠誠不是討價還價，忠誠是你作為社會角色的基本義務。

忠誠為什麼不講回報？

因為真正的忠誠是一種發自內心的情感。這種情感如同對親人的情感、對戀人的情感那麼真摯。對國家忠誠：是因為你熱愛國家；對公司忠誠，是因為你熱愛公司；對老闆忠誠，是因為你對老闆心存感恩；對同事忠誠，是因為你發自內心信任你的同事。

每一位優秀的員工都應該清楚，公司首先不會給你什麼，但你如果給了公司絕對的忠誠，公司一定會回報你，它的回報包括薪水以及榮譽。忠誠與回報，不一定是成正比，但一定是同步增長的，忠誠度越高的員工，所創造的價值肯定越多，所獲取的回報肯定也越多。

當然，我們倡導員工的忠誠，但員工的忠誠和士兵的忠誠是不一樣的。

士兵的忠誠是絕對的，士兵必須忠誠於統帥，因為統帥代表著國家。員工的這種自下而上的忠誠，對於公司來講是必須的，但是並不是無條件的、絕對的和盲目的。員工忠誠的是一個對自己的生存、發展、自我實現有助益的領導者，一個對公司有責任感的領導者，一個能夠擔當得起公司生存和發展重任的領導者，一個能夠讓公司健康運行的領導者，一個關心員工、能夠為公司奉獻的領導者，一個有企業家精神的領導者。對這個領導者忠誠是有價值的，也是值得的，因為這樣的領導者不會辜負員工的滿腔忠誠。

下面，我們列出員工忠誠於公司的十個理由，讀了它們你會明白忠誠不僅是一種義務，而且它的最大受益人正是你自己。

忠誠於公司的十個理由：

- **理由1**：因為你是公司的員工。
- **理由2**：公司給了你一個飯碗，一個事業發展的契機，一個施展才華的舞臺，你應當懂得感恩。
- **理由3**：只有忠於公司，你才能得到公司忠誠的回報。
- **理由4**：公司發展了，你得到的回報將會更多。
- **理由5**：忠誠賦予你工作的熱情，只有忠誠的人才能享受工作帶來的樂趣，而不覺得它是苦役。
- **理由6**：只有忠誠於公司，努力為公司工作，你的才華才不會浪費，不會貶值，不會退化。
- **理由7**：只有忠於公司，你的個人價值才能更好的展現出來。
- **理由8**：忠誠是造就你的職業聲譽和個人品牌最重要的因素。
- **理由9**：只有忠誠的人，才能夠在公司中找到自己的歸屬感。
- **理由10**：沒有人喜歡不忠誠的人，沒有哪一個老闆歡迎不忠誠的員工。

第十章　忠誠會令你更受器重

▌嚴守公司機密

　　無論是從職業操守還是從法律角度來說，每一個公司職員都應該沒有任何藉口的保守公司機密。作為員工不注意保守祕密，不僅難以獲得主管的信任，而且還會被「炒魷魚」，甚至被繩之以法，追究法律責任。如果你守口不嚴，說話隨便，心態鬆懈，說了不該說的話，有意或無意的造成洩密，那麼，輕者會使主管的工作處於被動，帶來不必要的損失；重者則會對公司造成極大的傷害，造成不可挽回的影響。

　　事實上，很多時候公司機密的洩露，並非當事人有意為之。特別是在網際網路普及的今天，資訊的洩露變得非常直接而又快捷。在很多商業機密洩露的案例中，居然是透過線上聊天工具。當事人因為保密與防範意識不強，被別有用心者利用，於無意中洩露了重要的資訊。所以，事關工作內容的溝通與聊天，員工一定要處處以公司利益為重，處處嚴格要求自己，做到慎之又慎。否則，不經意的一言一行就洩露了公司的商業祕密。

　　在一次國際性的商貿談判中間休息時，英國的一位裘皮商人主動向美國的談判人員遞菸閒聊：「今年的黃狼皮比去年好吧？」美國人隨意的應了聲：「還不錯。」那人緊跟了一句：「如果想要買20多萬張不成問題吧？」美國的談判人員仍不經意的說「沒問題」。

　　英國商人在不動聲色中掌握了美國有大量的黃狼皮在尋找買家的商情。在隨後的談判中，英國商人以比原方案高出5%的價格，主動向美國商人遞出5萬張黃狼皮的訂單。可是隨後就發現有人用低於英國商人的報價在英國市場上大量拋售黃狼皮，當美國商人向其他國家的報價全部被頂回時，他們才恍然大悟：原來英國商人是有意用高價穩住自己，使其他的商人不敢問津，以便大量拋售他們幾十萬張的庫存，以微小的代價換了個先手出貨。

　　每一個公司的辦公室裡都會有許多的文件，除了對外發表的公告之外，任何文件都屬於公司的機密，不可隨意外傳或洩露。公司裡的員工對正在實施的祕密計畫要提高警惕，不使機密外洩，避免走漏消息，對公司造成損失。

　　對過時的文件或平常處理的普通文件，也不要輕易放鬆，掉以輕心。有時，很難判斷出什麼樣的文件屬於機密，是否要對外公開或保密，但是，作為職員，要明白自己的身分，時刻注意。通常看似普通平常的文件，也容易洩露重要的機密，毫不起眼的普通文件，有可能正是競爭對手想得到的珍貴資料。

　　因此，只要是公司裡流通性的文件，都應該嚴格管理、妥善保存或適當處理。例如，公司裡的員工名單，雖然在企業內算不上是機密的，如果競爭對手一旦得到，卻能從員工的配置情況，推斷出公司的經營謀略或發展方向，有時還可能成為對方挖掘人才的依據，對公司帶來損失和不利。

　　除了要嚴防無心之過，同時還要死守有心之錯。在誘惑頗多的今天，人很容易為了利益出賣公司機密，而能夠守護忠誠的就顯得更加可貴。一個不為誘惑所動、能夠經得住考驗的人，不僅不會失去機會，相反會贏得機會，還有別人的尊重。做一個有職業道德的人，最起碼的一點，就是要保守公司的祕密，這是對每一個員工的要求。所以，這個行動從工作一開始就要付出。

▎為老闆保密

　　不要隨意將與老闆有關的事四處傳播，無論是公事還是私事。特別是工作接近老闆的員工：如老闆的副手、祕書、司機等人，尤其需要注意嚴守老闆的祕密。有些資訊，看似微小，但有心人只要用點心，往往能從中

分析出很有價值的資訊。此外，關於老闆個人的隱私，切記不要說三道四，因為這是他私人的空間。通常做事缺乏原則，又想籠絡人心，或者慣於信口雌黃者，最容易扮演長舌婦的角色，殊不知「禍從口出」古之明訓，這種七嘴八舌的小市民心態，往往在不知不覺中對自己設置了困難。

老闆與下屬一起共事，最好能共同享受所有的資訊。如果老闆不向下屬通報重要的資訊，下屬便很難做事。因此，從這個角度來講，老闆也應積極的對下屬提供必要的情況。

如果有些資訊不宜讓其他部門的人知道，老闆在告訴下屬時，可做必要的叮嚀。提供資訊時，若擺出架子或一副施捨的態度，會令人討厭。但接觸到需要保密資訊的下屬，則應該守口如瓶。多話的人對於自己所言而引起的重大影響並不了解。有時會因無意中的一句話，困擾到周圍的人，使老闆陷入困境，最後還是會自嘗苦果。如果被老闆認定為「重要的事不能告訴他」，則與「不可信賴」毫無兩樣。

然而在許多公司都經常發生一種現象：希望傳播的資訊在某處停住，不希望暴露的資訊被廣為流傳。換句話說，正式管理的消息窒息不通，而祕密的資訊卻暢通無阻。

一般人的心理是，一聽到重要的消息，往往不識真假，就想迫不及待的告訴別人，以滿足我比你早知道這個消息的虛榮心理，也因為每一個人都有這種虛榮心，所以消息就 A 傳 B，B 傳 C，一個接一個，很快就傳得沸沸揚揚。

一個聰明的下屬，要充分了解這種情況，成為不該開口就絕不開口的人，這樣才能獲得老闆的真正信賴。

如果獲得老闆的信賴而認為你是他的「心腹」，你反而會增加接觸到更多資訊的機會。這對你工作的順利進行，將會有意想不到的好處。

通常，在一個公司中職位越高，所能獲得的資訊也就越多。升遷的一個重要好處是，每升一級，就能獲得更機密的資訊。

一般來說，從老闆處獲得的資訊，其可信度總比下屬道聽塗說得來的消息可靠性高得多，如果他有可以信賴的下屬，就不會據為己有，而會盡可能的告訴他的下屬，這就表示老闆對這位下屬的充分信賴。所以，我們在接觸到這類重要資訊時，尤其要注意以下幾點：

- **對影響老闆關係的話要保密**：人們在生氣的時候容易說出一些在平時根本不可能說的話，比如會影響老闆與他人關係的話。作為老闆的下屬一定要對這些話保密。
- **對老闆的隱私要保密**：如果經常和老闆在一起，熟知老闆的各種言行舉止、脾氣愛好、行事作風和私生活，這就要求你要從維護老闆形象這一點出發，對老闆的缺點和隱私加以保密。特別是老闆個人生活上和婚姻等有難言之隱的地方，更應該保密。
- **對老闆的過失和失誤要保密**：古人說：「人非聖賢，孰能無過。」不論哪個人，不可能每一句話，每個詞都說得準確、完整，說漏嘴的，說「走火」的無意中傷害別人的話，也是會有的。因此，作為下屬，就不能把無意當有意，把偶爾當經常，把不該當回事的話傳出去。比如，一位主管長期在外地工作，相對來講對公司內部工作比較生疏。因此，其他主管往往稱讚這位主管是「外派型」的，實做精神好。如果你從貶義的角度去分析，也可以理解為大家在議論這位主管只有外派工作經驗，沒有公司內部工作經驗，或者說他只適應外派工作，不適應公司內部工作。因此「說者無意」的一句話，如果「傳者有心」，那肯定搞得面目全非了。所以說，下屬對老闆在閒談中，在非正式場合涉及其他老闆的話，最好都不要傳，以免引起誤解。

第十章　忠誠會令你更受器重

忠心不是唯唯諾諾

　　對老闆忠心，並不意味著一味奉迎，毫無個性。事實上，人的可貴和獨特之處在於有自己的見解。下屬對老闆的意見如果不贊同，要會說「不」字。那些怕得罪老闆、對老闆唯唯諾諾的人，老闆也許會喜歡一時，但很難長久。

對老闆不要迷信

　　老闆要求下屬不但要做事，而且要把事做好。下屬要想把事做好，除了配合老闆外，必須要動腦筋，有自己的主見。這種主見有時不可避免的會與他人的想法不一致，其中也包括與老闆的想法有出入。如果因為怕與老闆對立而不表達自己的主見，久而久之，老闆就會認為你是一個沒有主見的人。這對你今後的發展是非常不利的。

　　拒絕老闆的要求並不是一件容易的事，但在內心不情願的情況下勉強接受工作，工作起來就感到索然無味，也很難獲得好的工作成績。因此，自己若沒有能力完成某項工作時，最好不要貿然答應。

　　一般來說，老闆總會懷著期待的心情，認為下屬當然會接受自己的指示和命令。此時若出人意料的遭到拒絕，老闆的心理感受一定不妙。所以下屬向老闆說「不」的時候，出言必須謹慎，還要進一步緩和對老闆的抗拒情緒，以免老闆有些尷尬，進而使他能以輕鬆的心情接受你的反對意見。

減少老闆的抗拒情緒

　　曾經擔任過日本東芝社長的岩田式夫說過一句話：「能夠『拒絕』別人而不讓對方有不愉快的感覺的人，才算得上一個優秀的員工。」

　　因此，拒絕其實是一門學問。「拒絕」含有否定的含義，無論是誰，

自己的意見或要求被否定，自然會造成情緒上的波動。

美國前總統雷根在拒絕別人的請求時，總是會先說「yes」，然後再說「but」。這種先肯定後否定的表達方式，讓被拒絕方看來是一種深思熟慮、謹慎的態度，對緩和被拒絕遭拒絕時的牴觸情緒有顯著作用。

要等老闆把話說完

有一種不經心的拒絕態度，就是老闆還沒有把話說完，就斷然的否決他。這樣一來，老闆即使不惱怒，也不會對你有好感。要說服別人，總需要聽清楚對方所說的話，這樣才能找出說服對方的理由。

以問話的方式表示拒絕

以問話的方式拒絕老闆時，不要用直接表達自己的意見的方式，應改用詢問的形式。

如：「從以後的發展或長遠的觀點來看，結果會如何呢？」退一步講，用請教的方式，可保住老闆的顏面，老闆或許就漸漸會向你的設想靠攏。

提出替代方案

提出替代方案的好處在於，你儘管拒絕了老闆的計畫，但並不是拒絕老闆本人，而是認為他這個計畫行不通，你仍然敬佩老闆的工作熱情和對工作負責的態度。因此，你提出這個替代方案只是為了使老闆能把工作處理得更好。這樣一來，老闆明白了你的苦心，不但不會責怪你，還會認為你在替他分憂，久而久之，視你為值得信任的人。

第十章　忠誠會令你更受器重

▌警惕老闆的不信任

老闆不再信任你都是有跡可循的。如果我們趁這種不信任的苗頭剛剛抬頭時，就馬上做出應對，相信重新博取老闆信任的可能性會大得多。下面我們舉出幾種預示老闆不再信任你的徵兆。

不再讓你參與以前例行性的會議

有一些會議，本來你都曾經出席和參與，突然老闆交代下來，這些會議你不用參加了，也沒有說明什麼理由，這是一種明顯要讓你自動退出的具體暗示。

尤其是那些不在上班時間開，解決公司問題和方針的會議，若老闆通知你不要去開會，或還是讓你去開會但不讓你發言，或在你發言時老闆顧左右而言他，那結果也是一樣的。

去找別人討論你的業務或工作

在你的業務以內的工作，假如你是生產部經理，要如何招募作業員工，這是你安排一下即可的事，你的老闆卻頻頻的去找別的部門或你下面的科長去辦理此事，此時你千萬不要認為他怕你，以為自己占了上風 —— 答案絕不是這樣的。

老闆之所以不來找你的原因，大部分是因為在他心目中的組織表內，你被除名了，因此他不必再來找你囉嗦，反正你很快就會被炒魷魚，找你也沒用，不如直接找你下面的科長或將來會代理你的人，會來得比較實際和有效果。

老闆直接召集你下面的員工開會而不讓你出席

一開始老闆這麼做時，還會先通知你一聲，不要你出席。老闆或許會找一些理由，好讓下面的人不再拘束，可以提出一些寶貴和有意義的建議。可是開了一、兩次會以後，他就會經常這樣做，不再找理由或跟你做什麼說明。

你的老闆這樣做的原因有下列三種：

· 讓下面的員工直接受他指揮與控制，於是你便被架空。
· 利用開會的機會來指揮你下面的員工，削弱你的影響力和你心腹的實力。
· 在開會的過程中挖掘一些你的隱私，以便開除你時，有更多對你不利的因素。

莫名其妙的安排你出差或旅遊

誠然，老闆要你出差或旅遊去散散心，那是一番好意。往往這種安排都有脈絡可循的，或列入預算，而不是老闆一時高興，隨意指派的。

為什麼莫名其妙的安排你出差或旅遊呢？很可能只是希望你不在的時候，他在處理你的業務、人員時，阻力會比較小，也沒有什麼顧忌。

讓你建立制度，並將你的工作詳細建檔

或許公司原本就沒有制度，工作也沒什麼規則可循。若你的老闆一下子變得非常熱心。命令你建立制度、留下檔案，最後問你，若你不在，你的部門應當如何作業？他的要求，好像也不是說著玩玩，而且是頗認真的。

事實上是他已經在某些問題上懷疑你了，或進一步想了解一下把你開除後，會不會出現不良狀況？但他不會傻得跟你一樣，跑來直接跟你講你

203

被我辭了之後，部門會出現什麼問題。

老闆會設法偽裝自己，把他要炒你魷魚的想法先隱藏起來，反而強調為公司創立百年制度、千年基業，大家不要藏私心，不要保留，將你知道的都提供出來，能做的盡量做好。等到他看到時機成熟了，便一聲令下，你也只好捲鋪蓋走人。

突然應徵員工來做你的副手

你的老闆，突然應徵一些員工做你的副手，有時招了一個還不夠，一下子招了兩、三個員工。雖然他會向你解釋，你太累了，多招些員工來幫你的忙；或你真是太辛苦了，這些員工進來，你也不必再如此辛苦了。

你或許真會這麼想，以為他之所以如此做，是體諒你，讓你不要太辛苦和操勞了。老闆多招些人來幫助你做事，做老闆的哪會這麼想呀，除非他有精神病！

要知道，你寧願一個人做，哪怕做到累死（歷史上這類的人很多，如孔明先生），也不要讓老闆找那麼多員工來把你擠走。你若累死，至少還可留名青史；若被擠走的話，就不光彩了。

談獎勵時沒有任何表示

每個公司都會有一套獎勵的制度，不管這套制度是成文或是不成文的。大家都清楚，什麼時候該被獎勵或是怎樣才會被懲戒。當你發現，你該被獎勵的時候，沒有被獎勵。那麼，先不忙著去爭，或許你的老闆已經想開除你了。

犯小失誤遭到大懲罰

你或許在工作上犯了些小錯，這錯別人也犯過，只要改了，不再犯了，一般都是三言兩語就會被解決或化解掉的。一次，這失誤出在你身上，老闆卻一本正經的將「它」當作大事來辦。此時，你可得要小心了，你的老闆或許要炒你的魷魚了。

第十章　忠誠會令你更受器重

第十一章
責任感使你出類拔萃

 第十一章　責任感使你出類拔萃

　　愛默生（Ralph Waldo Emerson）說：「責任具有至高無上的價值，它是一種偉大的品格，在所有價值中它處於最高的位置。」亦有人說：「人生中只有一種追求，一種至高無上的追求——就是對責任的追求。」

　　所謂責任，就是對自己所負使命的忠誠和信守。責任是一種與生俱來的使命，它伴隨著每一個生命的始終。事實上，只有那些能夠勇於承擔責任的人，才有可能被賦予更多的使命，才有資格獲得更大的榮譽。一個缺乏責任感的人，或者一個不負責任的人，首先失去的是社會對自己的基本認可，其次失去了別人對自己的信任與尊重，甚至也失去了自身的立命之本——信譽和尊嚴。

　　清楚地意識到自己的責任，並勇敢的扛起它，無論對於自己還是對於社會都將是問心無愧的。人可以不偉大，人也可以清貧，但我們不可以沒有責任。任何時候，我們都不能放棄肩上的責任，扛著它，就是扛著自己生命的信念。

▌清楚責任，承擔責任

　　責任並不複雜，就是你知道自己該做什麼並去履行，同時也知道自己不該做什麼並去落實。當你在不知道自己該做什麼時，至少要做到知道自己不該做什麼，這是責任的底線。

　　高層次的責任心是知道自己該做什麼。古希臘雕刻家菲迪亞斯（Phidias）被委任雕刻一座雕像，當菲迪亞斯完成雕像後要求支付薪酬時，雅典市的會計官卻以任何人都沒看見菲迪亞斯的工作過程為由拒絕支付薪水。菲迪亞斯反駁說：「你錯了，上帝看見了！上帝在把這項工作委派給我的時候，祂就一直在旁邊注視著我的靈魂！祂知道我是如何一點一滴的完成這座雕像的。」

　　不管你信不信上帝，每個人心中都有一個「上帝」——那就是原則。而對於自己原則的信仰，就是一個人的責任心。菲迪亞斯對上帝負責，和我們對於原則的負責，在本質上是沒有什麼區別的。責任使人卓越，當一個人懷著宗教一般的虔誠去對待生活和工作時，他是能夠感受到責任所帶來的力量的。事實證明了菲迪亞斯的偉大，這座雕像在 2,400 年後的今天，仍然佇立在神殿的屋頂上，成為受人敬仰的藝術傑作。

　　在工作中，員工要更好的承擔責任，首先要清楚自己在整個公司處於什麼樣的地位，在這個位置應當做些什麼，然後把自己該做的事情做好，只有這樣，才能夠更好的履行自己的職責，讓他人更好的合作。

　　只有認清自己的責任，才能知道該如何承擔責任，正所謂「責任明確，利益直接」。在一個公司中，每一個部門、每一個人都有自己獨特的角色與責任，彼此之間互相合作，才能保證公司的良性運轉。因此，我們學會認清責任，是為了更好的承擔責任。首先要知道自己能夠做什麼，然後才知道自己該如何去做，最後再去想我怎樣才能夠做得更好。

　　另外，認清自己的責任，還有一點好處就是，可以減少對責任的推諉。只有責任界限模糊的時候，人們才容易互相推脫責任。在公司裡，尤其要明確責任。首先你應該清楚你應該做些什麼，只有做好自己分內工作的人，才有可能再做一些別的什麼。相反，一個連自己工作都做不好的人，怎麼能擔當更重的責任呢？總有一些人認為，別人能做的自己也能做，事實上，就是這樣的一些人才什麼也做不好。

　　一位成功學大師說過：「認清自己在做些什麼，就已經完成了一半的責任。」

　　要想清楚自己在做什麼，有什麼責任，首先應該確認自己的位置。整個公司是一個大機器，每個零件的作用都是不一樣的。你在整個機器上是

第十一章　責任感使你出類拔萃

個什麼位置，自己應該清楚。比如你是一家公司的銷售人員，與你直接打交道的一是經銷商，二是商品。所以，你的責任是管理好商品，處理好公司與經銷商之間的關係，讓他們成為公司永久的「上帝」。如果，你不清楚自己公司產品的競爭優勢和公司的經營策略，不清楚經銷商的經營思路和資金實力，那麼這就是你的失職。這種失職有兩種原因，一是你沒有認清自己的責任，二是你不負責任。不過，歸於一點就是缺乏責任感。

只有清楚自己在整個公司中處於什麼樣的位置，在這個位置上應該做些什麼，然後把自己該做的事情做好，這才是為公司承擔責任，才是真正的有責任感。

現在有很多公司實行目標管理，對於每個人應負什麼樣的責任，要簽一份責任協定。其目的就是讓你做出公開的承諾。而且你的承諾必須兌現，否則你就要承擔沒有兌現的後果。如果你不努力去實現承諾，到頭來很可能會嘗到失敗的苦果，因為你一旦簽下責任協定，往後推卸責任的藉口就失效了。所以，有的人說：「責任協定是把組織的目標變成個人承諾，使之成為一個關乎人格的問題。」

一個公司一定要有明確的責任體系。權責不明不僅會出現責任真空，而且還容易導致各部門之間或者員工之間互相推諉，把自己置於責任之外，這樣做的結果是使整個公司的利益受到損害。明確的責任體系，是讓每一個人都清楚自己在做什麼，應該怎麼做。

「當一群人為了達到某個目標而組織在一起時，這個團隊就會立即產生唇齒相依的關係。」目標是否能實現，是否能達到預期的工作績效，取決於團隊中的成員是否都能對自己負責，彼此負責，最終對整個團隊負責。明確責任體系就是保證成員能夠成功的完成這一任務。

此外，明確的責任體系還可以使團隊中的成員能夠依據這個責任體

系，建立權責明確的工作關係，這樣團隊中的成員對自己的任務就是責無旁貸的，而且有助於成員之間彼此信守工作承諾，最終確保任務的完成。

對於一個團隊而言，不僅要有明確的責任體系，還應該建立以「責任」為核心的企業精神，使「責任」這兩個字成為團隊精神的核心。很多企業的領導者認為，這是人人都爛熟於心的概念，誰不知道自己應該承擔責任呢？然而事實上是，這兩個字只是爛熟於耳，真正往心裡去，並且能夠做到的又有幾個人呢？對於很多企業來說，責任精神亟待重建。

責任是一個神聖的承諾，在它身上承載著一個不渝的使命，它能讓人戰勝膽怯，無數在戰場上冒著槍林彈雨前進的戰士都說明了這一點。他們只是因為信守了「軍人以服從為天職」的承諾，就變得如此勇敢。

認真負責的履行職責

自覺的、認真的履行職責，無須他人監督，不找理由和藉口來放鬆對工作品質的要求，哪怕是在有適當的理由、可以放鬆的時候也不放鬆。這就是認真負責的核心要素。

無論什麼人，無論在什麼環境下，認真負責都是有價值的，都是能促進你的事業成功的。當我們對工作認真負責時，就能從中學到更多的知識，累積更多的經驗，就能從全心全意投入工作的過程中找到快樂。這種習慣或許不會有立竿見影的效果，但可以肯定的是，當敷衍成為一種習慣時，一個人做事的效率就會大打折扣。這樣，人們最終必定會輕視他的工作，從而輕視他的人品。粗劣的工作，造就粗劣的生活。工作是人們生活的一部分，粗劣的工作，不但降低工作的效能，而且還會使人喪失做事的才能。工作上投機取巧也許只會為你的公司帶來一點點的經濟損失，但卻可以毀掉你的一生。

第十一章　責任感使你出類拔萃

　　認真負責不是輕輕鬆鬆就能做到的，有時候還會令人痛苦、心力交瘁。畢竟責任不像權力那樣有吸引力，為人帶來的不是便利、不是隨心所欲的快樂，而是壓力和辛勞。因此，總有些人試圖盡量遠離責任、推卸責任，而不是靠近它，不是去認真履行自己的職位職責。當然，這樣的人也正是在遠離事業成就，遠離成功。可以這麼說，怕認真帶來的辛苦，怕負責任帶來的壓力，就永遠不會進步，也不會有良好的事業成就。

　　有一句話叫「群眾的眼睛是雪亮的」，與古語「若要人不知，除非己莫為」一脈相承，雖然是出自過去的年代，但在任何時代都是有道理的。只要你在工作中兢兢業業、認真負責，經過一定的時間後，同事和上司都是能感受得到的，也是會給予積極的關心和回報的，同樣，如果你在工作中總是尋找機會或者藉口，對工作簡單應付了事，同事和上司也是遲早會知道的，畢竟他們都有一雙雪亮的眼睛，最多也就是時間晚一點罷了。

　　每個人的職位都有特定的責任，這些責任是客觀的伴隨著職位的存在而存在的。由於管理品質的不同，一些企業的員工對自己的責任不清楚，因為企業缺乏明確的規定。當然，也有許多企業在規範化管理方面做得比較好，各職位的責任描述得比較清晰，員工對自己承擔的責任也有明確的認知。但是，有一點需要明確的提醒各位，責任不是透過明確就會發生作用的，工作中是否認真負責，不是簡單的看企業的管理是否規範、職位職責是否明確，關鍵是要看員工個人有沒有責任心。因為，責任心是認真負責的基礎和根基。

　　要做到認真負責是不容易的，不僅要有強烈的責任心，還要有正確的理念來指導自己的思路，調整好自己的職業心態，否則是做不到的。要做到認真負責，以下幾方面是重點。

不要輕視自己的職位的作用和價值

　　這是對廣大的基層員工的要求。有不少基層員工對自己的職位的作用和價值缺乏正確的認知，覺得自己職位低、工作瑣碎、價值低、作用小，沒什麼意思。這種看法直接影響了他們對待工作的態度，對工作品質不重視，工作中表現出來的就是隨意、應付了事，對需要嚴格把關的地方也不認真，走走形式，導致相關工作甚至是企業系統的工作品質大打折扣。

　　其實，沒有不重要的工作，只有不重視工作的人。我們每個人的工作都是企業系統裡不可或缺的部分，是維持和保障企業運轉的重要環節，對企業整體的工作品質都有直接或間接的影響，無論這項工作看起來有多麼不起眼。

不要為自己不負責任找藉口

　　一些企業員工經常這樣，在因為自己的工作沒有做好而受到責罵時，總是找來這樣或那樣的理由來推卸責任，為自己不負責任的言行找藉口。似乎一切都是別人的錯，與他們無關，自己沒有做好工作反倒成天經地義的了。

　　沒錯，也許這些都是事實，但這不是我們可以不負責任的理由。因為這個世界沒有完美，每個企業都有自身的缺陷和不足，如果一個員工把工作沒有做好的原因都歸咎於外界或他人，那麼他不是在逃避責任就是缺乏自知之明。其實，即使外界或其他同事有過失，只要我們在工作中能更認真一些，工作的品質依然能夠得到提升。

　　在企業裡還有一些員工相當「幽默」，工作沒做好時喜歡用「我笨、我傻」等理由來解釋。這樣做看起來挺有趣，其實很可笑，也很危險。習慣用這種說法來搪塞，實際上就是放棄了認真負責，也放棄了自己的未來。這樣的結果是不僅工作做不好，還會把人變成一個確確實實的笨蛋。

第十一章　責任感使你出類拔萃

不要姑息和縱容你身邊的不良現象

大多數人在面臨麻煩和困境時都會把自己視為受害者，不去想自己的那部分責任，似乎自己對所有的不良現象都無能為力。

這是一種消極的心態，是無法解決困難的，甚至會助長不良現象的蔓延。面對那些不良現象時，我們應該做的是，認真想想是什麼原因造成的，找出自己所能掌握的影響力和控制力，並積極的發揮出來，防止不良現象蔓延成為企業的普遍現象。

我們每個人都有一定的影響力和控制力，對身邊的人和事都能產生一定的作用，不要看不到這點，更不要放棄。

多問自己「我做得如何」

有一個替人割草打工的男孩打電話給布朗太太說：「您需不需要割草？」布朗太太回答說：「不需要了，我已經有了割草工人。」男孩又說：「我會幫您拔掉草叢中的雜草。」布朗太太回答：「我的割草工人已經做了。」男孩又說：「我會幫您把草與走道的四周割整齊。」布朗太太說：「我請的那人也已經做了，謝謝你，我不需要新的割草工人。」男孩便掛了電話。此時男孩的室友問他說：「你不是就在布朗太太那裡割草打工嗎？為什麼還要打這個電話？」男孩說：「我只是想知道我究竟做得好不好！」

多問自己「我做得如何」，這就是責任。但是，使我困惑的是，為什麼小孩子都能做到的事，反而是身在職場的成人卻做不到，或者做得不好呢？我們是不是也像上面故事裡的孩子一樣犯過這樣的「傻」呢？如果有，也沒有什麼可笑的，那才正是一個人最純真、最有責任感的表現。身在激烈競爭的職場，老闆需要這樣犯「傻」的員工，你自己也需要這樣犯「傻」的舉動。

老闆在與不在一個樣

　　檢驗你是否是一個有責任心的人，有一個最簡單的辦法，那就是：老闆在與不在，你的工作狀態是否如一？

　　作為一個公司員工，老闆不在的時候，也是容易放鬆自己的時候。可是，無論老闆在不在，你勤奮工作都應該是發自內心的，你的任何業績都是自己努力的結果，你不能僅僅是做出樣子來給老闆看，老闆要的是實際業績和工作效果。

　　工作的主動性是員工的必備素質。無論趁機偷懶還是謹慎無奈的繼續自己的工作，都不是正確的做事方法。儘管後者仍然努力，但那也只是防止有人打小報告而已。被動的工作最多能夠完成老闆交代的任務，然後心安理得的拿薪水，對一個優秀的員工而言，這樣做是遠遠不夠的。

　　評價員工優秀與否有一個標準，那就是他工作時的動機與態度。如果一名員工只知道被動的工作，習慣於像奴隸一樣在主人的督促下勞動，缺乏工作熱忱，那麼可以確定，這樣的員工是不會有什麼成就的。自動自發的工作是每一個優秀員工的共同特點，沒有對工作的熱愛就不會有全心全力的投入，就會因為缺乏自律而放任自流，當然談不上敬業了。

　　自動自發是一種對待工作的態度，也是一種對待人生的態度。只有當自律與責任成為習慣時，成功才會接踵而至。絕大多數成功的創業者並沒有任何人監督其工作，他們完全依靠自律工作。如果對自己的工作都不能全心全力投入，那麼開創自己的事業最後也只能淪為一句空話。

　　自動自發也是對自己的一種責任。無所事事、懶散鬆懈的習慣使天賦很好的人步入平庸，這樣的例子並不在少數。無論是歷史還是現實之中，許多成功的人並不一定天賦很高，而是勤奮使他們一步步走向成功與卓越。

第十一章　責任感使你出類拔萃

　　老闆不在的時候，自動自發的工作吧！這樣一種工作習慣可以使你不斷的超越自我，成為像老闆一樣優秀的人。那些獲得成功的人，正是由於他們用行動證明了自己勇於承擔責任而讓人備感信賴。

　　自動自發的去工作，而且願意為自己所做的一切承擔責任，這就是那些成就大事業者和平庸之輩的最大區別。要想獲得成功，你就必須勇於對自己的行為負責，沒有人會給你成功的動力，同樣也沒有人可以阻撓你實現成功的願望。

　　阿爾伯特在〈把信送給加西亞〉一文中如此寫道：

　　「我欽佩的是那些不論老闆是否在辦公室都會努力工作的人，這種人永遠不會被解僱，也永遠不必為了加薪而罷工。」

　　在這裡我們特別要強調這一點。一個優秀的員工應該是一個自動自發的工作的人，而一個優秀的管理者則更應該努力培養員工的主動性。

　　拒絕藉口，自動自發的去做好一切吧！萬萬不要等到老闆來向你交代任務的時候。做一個敬業，忠於職守的員工，看準了事就要大膽去做，而不是一味的墨守成規。

▍職場沒有「分外」的工作

　　職場中沒有「分外」的工作，一個責任感強的員工除了做好自己分內的工作還應該多做一些分外的工作，比老闆期待的更多一點，如此可以吸引老闆更多的注意力，為自我的提升創造更多的機會。

　　然而，在職場上，常常有這樣的員工，他們認為只要把自己的本職工作做好就行了。對於老闆安排的額外工作，不是抱怨，就是不主動去做。這樣的員工，自然不會獲得升遷加薪的機會。

216

在艾科卡（Lido Anthony Iacocca）擔任福特汽車公司總經理時，有一天晚上，公司裡因有十分緊急的事，要發通告信給所有的營業處，所以需要全體員工協助。不料，當艾科卡安排一個做會計員的下屬去幫忙套信封時，那個年輕的職員傲慢的說：「這不是我的工作，我不做！我到公司裡來不是做套信封工作的。」

聽了這話，艾科卡一下就憤怒了，但他仍平靜的說：「既然這件事不是你分內的事，那就請你另謀高就吧！」

一個人要想獲得事業上的成功，除了盡心盡力做好本職工作外，還要多做一些分外的工作。這樣可以讓你時刻保持鬥志，在工作中不斷的鍛鍊自己，充實自己。除此之外，分外的工作，也會讓你擁有更多表現機會，讓你把自己的才華適時的表現出來，引起別人的注意，得到老闆的認同和重視。

美國一位年輕的鐵路郵遞員，和其他郵遞員一樣，用陳舊的方法分發著信件。大部分的信件都是這些郵遞員憑不太準確的記憶撿選後發送的，因此，許多信件往往會因為記憶出現差錯而無謂的耽誤幾天甚至幾個星期。於是，這位年輕的郵遞員開始尋找新辦法，他發明了一種把寄往某一地點去的信件統一匯集起來的制度。就是這樣一件看起來很簡單的事，成了他一生中意義最為深遠的事情。他的圖表和計畫引起了上司的注意。很快，他獲得了升遷的機會。5 年以後，他成了鐵路郵政總局的副局長，不久又被升為局長，從此踏上了通向美國電話電報公司總經理職位的路途。他的名字叫西奧多‧魏爾（Theodore Newton Vail）。

做出一些人們意料之外的成績來，尤其留神一些額外的責任，注意一些本職工作之外的事 —— 這就是魏爾獲得成功的原因。

道尼斯先生最初替汽車製造商杜蘭特工作時，只是擔任很低微的職務。但他現在已是杜蘭特先生的左右手，而且是杜蘭特手下一家汽車經銷

公司的總裁。他之所以能夠在很短的時間升到這麼高的職位，也正是因為他提供了遠遠超出他所獲得的報酬的服務。

當他剛去杜蘭特先生的公司上班時，他就注意到，當所有的人每天下班回家後，杜蘭特先生仍然在辦公室內待到很晚。因此，他每天在下班後也繼續留在辦公室看資料。沒有人請他留下來，但他認為應該留下來，以便隨時為杜蘭特先生提供協助。

從那以後，杜蘭特在需要人幫忙時，總是發現道尼斯就在他身旁。於是他養成隨時隨地呼叫道尼斯的習慣，因為道尼斯自動的留在辦公室，使他隨時可以找到他。道尼斯這樣做，獲得了報酬嗎？當然，他獲得了一個最好的機會，獲得了某個人的信賴，而這個人就是公司的老闆，有提拔他的絕對權力。

對於一名盡職盡責的員工來說，堅守自己的責任，是不是意味著只要做好自己的分內的事情就夠了呢？

答案是否定的。因為在一個企業中，除了每個員工要各自完成的職責之外，總是還有一些沒有人做或者有些人該做而沒有做的事情，我們可以稱之為責任的空白地帶。這些空白地帶同樣事關企業的存亡，老闆在分配責任的時候卻又容易忽視它。

所以，一名優秀的員工除了要承擔自己的責任外，還應主動承擔起空白地帶的責任。而老闆會非常感激能夠承擔空白地帶責任的員工，因為他們替自己查漏補缺，保證企業工作的順利進行，也促進企業管理的完善。

「這不是我職責範圍裡的事情，我根本不用操心。」如果海倫也只是抱著這樣的態度去工作，那麼就不會有升遷的機會。懷著這樣的態度工作的人，不管自身條件多麼出眾，要想成功的希望只能是渺茫的，因為這樣的態度隨時都有可能對他所在企業造成不可估量的損失。

勇於承擔失敗的責任

俗話說：一人做事一人當。不管你的言行為你帶來了怎樣災難性的結果，你都要面對承擔。一個負責任的人，給他人的感覺是值得信賴與依靠。而對於一個說話辦事不負責任的人，沒有人願意走近他，支持他，幫助他。

讓我們對比一下成功的人和失敗的人，我們就會發現成功的人都是勇於承擔失敗責任的人，失敗的人都是害怕承擔失敗責任的人。失敗的人會為自己的失敗尋找各式各樣的藉口，而成功的人在面臨失敗和錯誤以後，能夠及時的尋找出問題的癥結所在，並努力克服和改正。或許可以這樣說：「只有勇於承擔失敗責任的人，才是主宰自我生命的設計師，才是命運的主人，才能獲得生命的自由。」

勇於承擔失敗責任，別人就會為你的態度所打動，對你產生信任。由於信任就會產生依靠，你在工作中就會一呼百應，無往不利。信用越好，人緣就越好，機會就越多，就越能打開成功的局面。雖然在做事的過程之中，每個人都會犯錯誤，但是一定要能自己主動承認錯誤，不推卸責任，這樣才能贏得別人的尊重。

「一切責任在我。」1980 年 4 月，在營救駐伊朗的美國大使館人質的作戰計畫失敗後，當時的美國總統卡特立即在電視裡做了如上的聲明。

在此之前，美國人對卡特總統的評價並不高。甚至有人評價他是「誤入白宮的歷史上最差勁的總統」。但僅僅由於上面的那一句話，支持卡特總統的人居然驟增了 10%以上。

偉恩（Wayne W. Dyer）博士說：「把責任往別人身上攤，等於將自己的力量拱手讓給他人。」職場中的每一個人必須學會承擔起你行動的責任。

第十一章　責任感使你出類拔萃

　　逃避責任的生活就輕鬆嗎？有時候逃避責任的代價可能還更高。不必背負責任的生活看起來似乎很輕鬆、很舒服，但是他們必須為此付出更大的代價。因為我們會成為別人手上的球，必須依照別人為我們寫的劇本去生活。

　　把責任往別人身上推的同時，等於將自己的人格推掉了。我們就是那麼輕易的把責任推給別人，然後又若無其事的站在一旁抱怨都是公司的錯，害我不能發揮所長，都是同事的錯，或我的健康情形害我不能怎樣等。請問，我們希望讓公司、同事和我們的健康來操控我們嗎？要記住，只有勇於承認錯誤的人才能擁有魅力。基於這個原因，為什麼不能很樂意的扛起這個錯，如果你喜歡掌握自己的生活的話。

　　有時我們必須承認，我們實在無法控制失敗的來臨。但這絕對不表示我們可以把責任往外推。我們必須對自己對後果的看法與反應負責，認清我們對於錯誤招致的後果之反應其實影響深遠。問題是：我們想要贏回掌控下一次事件的力量嗎？還是讓我們的錯誤和後果擁有操控下一次的力量？當我們負起責任的那一刻，所有的負面情緒都將消失。

　　因而，一個人千萬不要習慣於為自己的過失找種種藉口，以為這樣就可以逃脫懲罰，從而忘卻自己應承擔的責任。正確的做法是，承認它們，解釋它們，並為它們找到解決的方法。最重要的是利用它們，要讓人們看到你如何承擔責任，如何從錯誤中吸取教訓。這樣的員工不管處於哪個公司，都會被老闆所欣賞。

第十二章
挑戰與超越自己

 第十二章　挑戰與超越自己

　　當有人問剛剛在足壇初露鋒芒的球星比利（Pelé）：「你的哪一個進球踢得最好？」比利回答：「下一個！」後來，比利在足壇大紅大紫，成為了世界上著名的球星。在比利踢進 1,000 個球後，有記者還是問了同樣的一個問題：「你的哪一個進球踢得最好？」比利想都沒想：「下一個！」

　　在事業上大凡有所建樹者，都和比利一樣有著永不滿足、勇於挑戰與超越自己的精神。你在職場上的最大敵人，不是你的老闆，不是你的同事，而是你自己。只有不停的挑戰與超越你自己，你才能爬得更高，擁有更大的成就。

　　永遠不要對自己設限，也永遠別躺在過去的功勞簿上睡大覺。你的未來，掌握在你的手中。

▎點燃你工作的熱情

　　在一次訪談中，有觀眾問美國奇異公司前總裁傑克威爾許，什麼是他心目中最出色的員工。傑克威爾許回答道：我想用四個以「E」開頭的單字來概括。首先要有活力（Energy），一個優秀的人必須要擁有發自內心的活力。第二要讓你的團隊感到振奮（Energize），要感染激發你身邊的人。第三是要有判斷力、是非分明、勇於並且能做出正確的決定（Edge），人家問你問題的時候，說「是」或者「否」，而不說「也許是」、「也許不是」這樣的話；第四是執行（Execute），要完成你的工作，實現你的目標，兌現你的承諾，不僅要做，還要做好。最後，傑克威爾許特別強調：在這四個以「E」開頭的單字周圍，還要有充分的熱情（Passion），一定要找到有熱情的人。

　　其實這四個以「E」開頭的單字，無不與熱情息息相關：以充滿熱情

的活力，激發出熱情無比的創造力和判斷力，最終形成一種富有熱情的行動和表現。

熱情，是一種能把全身的每一個細胞都帶動起來的力量。在所有偉大成就的獲得過程中，熱情是最具有活力的因素。每一項改變人類生活的發明，每一幅精美的書畫，每一尊震撼人心的雕塑，每一首偉大的詩篇以及每一部讓世人驚嘆的小說，無不是熱情之人創造出來的奇蹟。最好的工作成果總是由頭腦聰明並具有工作熱情的人完成的。

熱情是不斷鞭策和激勵我們向前奮進的動力，對工作充滿高度的熱情，可以使我們不畏懼現實中所遇到的重重困難和阻礙。可以這麼說，熱情是工作的靈魂，甚至就是工作本身。當你滿懷熱情的工作，並努力使自己的老闆和顧客滿意時，你所獲得的利益會增加。而工作中最大的獎勵還不是來自財富的累積和地位的提升，而是由熱情帶來的精神上的滿足。

我欣賞滿腔熱情工作的員工，相信每個公司的老闆也是如此。從來沒有什麼時候像今天這樣，為滿腔熱情的年輕人提供了如此多的機會！這是一個年輕人的時代，各種新興的事物，都等待著那些充滿熱情而且有耐心的人去開發，各行各業，人類活動的每一個領域，都在呼喚著滿懷熱情的工作者。

不要畏懼熱情，如果有人願意以半憐憫半輕視的語調稱你為狂熱分子，那麼就讓他這麼說吧。一件事情如果在你看來值得為它付出，如果那是對你的能力的一種挑戰，那麼，就把你能夠發揮的全部熱情都投入到其中去吧。至於那些指手畫腳的議論，則大可不必理會。成就最多的，從來不是那些半途而廢、冷嘲熱諷、猶豫不決、膽小怕事的人。

西諺有云：「溼火柴點不著火。」當你覺得工作乏味、無趣時，有時不是因為工作本身出了問題，而是因為你的易燃點不夠低。點燃你心中的熱情，從工作中發現樂趣和驚喜，在工作的熱情中創造屬於自己的奇蹟吧！

第十二章　挑戰與超越自己

▌做個時刻進取的強者

　　NBA 傳奇人物麥可喬丹曾經這麼說過：「從『不錯』邁入『傑出』的境界，關鍵在於自己的心態。」我明白這位「籃球飛人」想表達的意思。你可以選擇維持「勉強說得過去」的工作狀態，也可以選擇卓越的工作狀態，這就取決於你內心有無進取心。

　　盡職盡責的員工僅僅是一個稱職的員工，而絕不是一個優秀的員工。要想出類拔萃，必須要有進取心，不能安於平庸。

　　有一名運動員在比賽前，他的教練語重心長的對他說道：「不要被金牌的壓力卡住，心裡有東西掛著，跑也跑不快。把自己真正的水準發揮出來，才是最重要的。」

　　這話說得很有見地。

　　金牌，是鼓勵，是激勵；是推動力，是驅策力；是掌聲，也是喝彩聲。

　　獲得金牌以後，有些人會把它當成終生的「護身符」。他忘了金牌可以「保值」，但是，絕對不「保質」；他也忘了「逆水行舟、不進則退」。在躊躇滿志的非凡得意裡，他自我矇騙的相信即使不經錘鍊也能產生好作品，一旦有人對他提出批評，他便理直氣壯的大聲反駁：「什麼，你說我沒有水準？你別忘記，我可是金牌得主哪！」

　　有些人會憂心忡忡的把那面金牌變成「喜馬拉雅山」，讓它沉沉的壓在自己身上。一剎那的榮耀，竟可悲的化成了終生的負擔。在全然沒有佳作繼續問世的落寞裡，金牌閃出的亮光，既顯眼又刺眼。也有些人，患得患失，結果呢，金牌變成了桎梏，前頭淨是下坡路。

　　理智而聰慧的人，絕對不會把金牌掛在嘴上，更不會它掛在心上。金

牌，僅僅是他個人生涯的一個小小的里程碑。他深深的了解：「曾經擁有」的感覺固然美麗，可是，更大的成就取決於「天長地久」的努力。所以，在那個金光閃爍的日子過後，他便會把金牌束之高閣，忘記它，然後，一如既往，勤練技藝，準備另一次的衝刺。歲月如水，他日兩鬢似霜時，無意間開櫥一看，裡面有長長一排被「遺忘」了的金牌，靜靜佇立，閃著絢麗的、燦爛的金光。然而，那可是他成功的一生，是讓他自豪的一生。

進取心是人類智慧的泉源，它就好像從一個人的靈魂裡高豎在這個世界上的天線，透過它可以不斷的接收和了解來自各方面的資訊。它是威力最強大的引擎，是決定我們成就的標竿，是生命的活力之源。

有了進取心，我們才可以充分挖掘自己的潛能，實現人生的價值，充分享受人生的甘美。我們才能扼住命運的喉嚨，把挫折當作音符譜寫出人生的熱情之歌。我們才能像一些人那樣在死神和病魔面前保持「不因碌碌無為而羞愧，不因虛度年華而悔恨」的從容和自信，在生命中時刻充滿青春的熱情和朝氣。

滿足現狀意味著退步。一個人如果從來不為更高的目標做準備的話，那麼他永遠都不會超越自己，永遠只能停留在自己原來的水準上，甚至會倒退。

生活中最悲慘的事情莫過於看到這樣的情形：一些雄心勃勃的年輕人滿懷希望的開始他們的「職業旅程」，卻在半路上停了下來，滿足於現有的工作狀態，然後漫無目的的遊蕩著人生。由於缺乏足夠的進取心，他們在工作中沒有付出 100% 的努力，也就很難有任何更好、更具建設性的想法或行動，最終只能做一個拿著中等薪水的普通職員。如果他們的薪水本來就不多，當他們放棄了追求「更好」的願望時，他們會做得更差。不安於現狀、追求完美、精益求精的年輕人，才會成為工作中的贏家。

第十二章　挑戰與超越自己

　　因此，不管你在什麼行業，不管你有什麼樣的技能，也不管你目前的薪水多豐厚、職位多高，你仍然應該告訴自己：「要做進取者，我的位置應在更高處。」這裡的「位置」是指對自己的工作表現的評價和定位，不僅限於職位或地位。

　　追尋更高位置，這種強烈的自我提升欲望促成了許多人的成功。競走的勝利者並不是最快的起跑者；戰爭的勝利者也不是最強壯的人；但競走和戰爭的最終勝利者大都是那些有強烈成功欲望的人。許多成功人士都指出，很多人的資質都比他們高，而那些人之所以沒有在事業上獲得輝煌的成就，就是因為他們缺乏足夠的進取心。

　　傑出人物從不滿足現有的位置。隨著他們的進步，他們的標準會越定越高；隨著他們眼界越開闊，他們的進取心會逐漸增長。對於比爾蓋茲來說，如果說他僅僅希望開一個小公司賺點錢，那麼他 20 歲時就已經實現了這個目標；如果說成為世界上最有錢的人是他的最高理想的話，早在 32 歲的時候他就已經實現了這一目標。如果他沒有不斷超越自我的志向，他在年輕的時候就可以醉心於自己的偉大成就而舉步不前了。凡是事業有成的人皆是如此，他們會以畢生的精力去追求更高的位置，不斷追求新的技能以及優勢的開發。即使偶有突發事件，他們也不會改變自己的目標。

　　從很多方面來說，每個人的確本來就擁有他所要實現更高位置所需要的一切能力。既然如此，當你可以高出眾人之時，為什麼要甘於平庸？如果一年中有一天你能有所作為，為什麼不多選擇幾天都大有作為呢？為什麼我們一定要做得跟其他人一樣？為什麼我們不能超越平凡呢？

　　試著為自己設立更高的目標！在完成一天的工作之後，你可曾想過：「我應該能夠做得更出色一點，或者更勤奮一點？」你完成工作的品質是否比以前高？速度是否比以前快？你的工作習慣、態度、解決事情的方法

與以前相比是否更好？能上升為財務主管，你已經很滿足，但為什麼不把做公司的財務總監當作自己的奮鬥目標？在平時的工作中，你完全可以考慮別人認為不明智的創舉，嘗試別人認為不保險的做法，夢想別人認為不現實的簽約，期望別人認為不可能的升遷。

這麼做時不要想著是為了討得老闆的歡心，也不要寄希望於能立即加薪升遷。因為有時你積極進取，對於老闆而言，只說明你是一個有價值的員工，但也僅此而已。老闆由於利益的緣故不會替你升遷，但你的價值又何止於此？你在其中所獲得的成長是其他甘於平庸者無法企及的，即使你和他們處於同一職位，你也會顯得卓爾不群。

不斷追求更高的自我定位！每一個與你來往的人：你的上司、同事或者朋友，都能感覺到從你身上散發出的意志的力量。這樣，每個人都會意識到你是一個不斷進取的人，一個能為自己和他人帶來更多物質和精神財富的人。人們將被你所吸引，樂於來到你的身邊，你會從中發現更多的機會。

不斷追求更高的自我定位，從根本上說，是為了自身不斷的進步。不斷進取的過程更是重塑自我的過程，這好比跳高運動員，不斷進取就是要把有待躍過的橫桿升高一格或幾格，力爭做到更好 —— 很可能，這「更好」並非極大的超越，而僅僅是超出那麼一英吋左右。但每當運動員們嘗試跳得更高一點時，他們實際上就是要重新塑造自我。他們必須重新思考自我的含義。然後，他們要設定新的目標 —— 不是基於過去的紀錄，而是基於重新思考後對自我的全新認識。這個新的自我所處的位置更高，必將會有更傑出的工作表現。

當然，要想達到更高的位置，僅僅有強烈的進取心還是不夠的，我們還必須不斷增強工作所需的能力，並付出極大的努力。

第十二章 挑戰與超越自己

▎學習的腳步不能停歇

據說在武林中,有一門最為厲害的功夫,叫「吸星大法」。懷有此功夫的人,在與人過招時,能迅速把對方的功力「吸收」進自己的體內。

武林中的「吸星大法」是否真的存在,在此就不做深入探討了。但在我們社會中,一種類似於「吸星大法」的功夫我們不可不學,越早練習越好,堅持練習更是受益無窮。那就是 —— 終身學習。

一個善於終身學習的人,就像懷揣一塊龐大無比的海綿,到處吸收營養以為我用。學歷是有終點的,但學習卻沒有止境。特別是身處知識更新換代速度奇快的當今,你只要不學習。三、五年後,知識、技術與經驗就會完全跟不上時代。唯有終身學習的人,才能擁有長遠的競爭力。許多人擺盪在生命與生命之間的過站,卻忽略利用各種學習成長的時機,終使自己一輩子庸庸碌碌。

有一位曾在日本政界商界都顯赫的人物,叫系山英太郎。他在 30 歲即擁有了幾十億美元的資產;32 歲成為日本歷史上最年輕的參議員。他的成功有什麼祕訣嗎? —— 終身學習。

系山英太郎一直信奉「終身學習」的信念,碰到不懂的事情總是拚命去尋求解答。透過推銷外國汽車,他領悟到銷售的技巧;透過研究金融知識,他懂得如何利用銀行和股市讓大量的金錢流入自己的腰包……即使後來年齡漸長,系山英太郎仍不甘心被時代淘汰。他開始學習電腦,不久就成立了自己的網路公司,發表他個人對時事問題的看法。即使已進老邁之年,系山英太郎依然勇於挑戰新的事物,熱心了解未知的領域。

正是憑藉終身學習,系山英太郎讓自己始終站在時代的浪頭之上。所以,如果你想在自己的事業上平穩向前,實現可持續發展,千萬記得要終

身學習。

對於有些人來說，學習不難，難的是一輩子都在學習 —— 這多麼像「一個人做點好事並不難，難的是一輩子都做好事」啊。終身學習既是非常簡單又是極端困難的事情。說它簡單是因為學習不是一件必須正襟危坐的事，它就實實在在的存在於我們日常生活的每一天。它的內容無限廣泛，它的方式也是因人而異。一個故事，一次經歷，一番談話……都可以讓你收穫良多。生活中處處都值得你學習，你不要讓一個個學習的機會與你擦肩而過。用心觀察思考，勤於動手動腦，隨時隨地學習才是正事！說它困難是因為我們或者因自滿而中途放棄，或者把它當成一種苦差事而不願做。

不管你是什麼學歷什麼來歷，總之，要想事業可持續性發展，就要做到隨時、隨處學習。活到老，學到老 —— 古聖賢的教誨不能忘記。我們不能那麼輕易的滿足，要勇於對自己提出新的更高的要求。我們也不能把學習完全當成一件苦差事，你應當看到學習是辛苦和快樂的綜合體。我們要善於學習，樂於學習，在學習的過程中體會到收穫知識的歡欣。

根據網路上的資訊，在 2006 年 5 月，歐盟委員會通過了一份公報。公報指出，當前的情況非常緊急，各成員國必須加快教育與培訓改革的步伐，否則下一代的大部分人將被社會拋棄。

歐盟委員會在題為〈教育與培訓的現代化：為歐洲的繁榮與社會融合〉的公報中指出，儘管各成員國都採取了重大舉措，但與歐洲為提高年輕人能力與資格所制定的標準相對照，進步則微乎其微。這為所有公民都帶來了嚴重的後果，特別是那些處於不利地位的群體，以及全歐洲 8,000 萬低技能工人。同時，這也使整個歐洲的經濟競爭力和創造工作機會的能力大受影響。

第十二章　挑戰與超越自己

　　歐盟委員會還就終身學習的「八大關鍵能力」通過了一份歐盟理事會及歐洲議會建議案。這「八大關鍵能力」是每一個歐洲人在知識社會與知識經濟中獲得成功所必須掌握的核心技能、知識與態度。在此，筆者將其摘錄如下，供各位讀者借鑑：

- · 母語溝通能力
- · 外語溝通能力
- · 數學、科學與技術的基本能力
- · 資訊技術能力
- · 學會學習
- · 人際溝通、跨文化溝通能力以及公民素養
- · 實做精神
- · 文化表達

　　這八大能力是相互交叉，相互關聯和相互支持的。比如，讀寫、算術與資訊技術能力是學習的必備技能，而學會學習又支持所有方面的學習活動。還有很多技能和特質是包容在整個框架之中的，它們包括批判性思維、創新能力、首創精神、解決問題的能力、風險評估、決策能力以及積極的情緒管理。這些特質處於基礎地位，在所有八大關鍵能力中都發揮著作用，構成八大關鍵能力的橫向組成部分。所有這些能力集中到一起，它們將提高人們的就業能力，幫助人們實現個人抱負並積極參與社會。

　　在歐盟委員會對八大關鍵能力進行解釋的時候，每個關鍵能力都由知識、技能與態度三部分組成。

　　比如，母語溝通能力要求一個人掌握關於語言的基本詞彙、語法以及功能等知識。包括對語言互動的主要類型、文學與非文學文本、各種語言類型的主要特徵、語言的各種變化以及在不同場合下的使用等方面的知

識。在技能方面，每個人都應該具備在各種溝通場合進行口頭或書面交流的技能，並根據場合的要求對自己的語言進行監控和調整。此外，還包括閱讀和寫作各種文體，查詢、收集並加工資訊，利用輔助工具，以及在不同的場合下有說服力的組織並表達自己論點的能力。在態度方面，對母語溝通能力所持的積極態度，包括樂於進行批判性和建設性的對話，欣賞語言溝通中的美感品質並有意追求語言中的美感，有興趣與他人進行互動。

而外語溝通能力除了與母語溝通能力一致的知識外，還包括對相關國家的社會習俗與文化，以及語言多變性的了解。外語溝通能力的核心技能包括理解口頭資訊的能力，發起、保持和結束對話的能力，以及閱讀並理解適合個人需求的文本的能力。此外還包括正確使用輔助工具的能力。相關的積極態度包括對文化差異與多樣性的理解，對於外語及跨文化交流的興趣與好奇心。

▌時時反省，揚長棄短

「以銅為鏡，可以正衣冠；以人為鏡，可以明得失；以史為鏡，可以知興衰。」人生有了自省吾身，猶如有朗鏡懸空，能時刻從自省的鏡子中看清自己、檢討自己，進而修正自己。孔子自省吾身成聖人，釋迦牟尼自省吾身變佛祖。

反省，是一種最優秀的品質，只有經常反省的人才能進步。猶太人習慣於在週六長時間反省，因此他們即使在第二次世界大戰中遭受毀滅性打擊，戰後卻立即崛起，成為世界上最有名的商人。

「金無足赤，人無完人」，每個人都有缺點，都會犯錯，為什麼我們不靜下心來反省一下自己呢？我們隨時隨地都應該問問自己，是否對以前犯過的錯都一清二楚？若不能從自己身上找出失敗的原因，難免下次還會

第十二章　挑戰與超越自己

犯同樣的錯誤。我們在失誤時，是不是也該多反省一下自己呢？平心靜氣的正視自己，客觀的反省自己，既是一個人修身養德必備的基本功之一，又是增強人之生存實力的一條重要途徑。

反省是成功的加速器。經常反省自己，可以理性的認識自己，對事物有清晰的判斷；也可以提醒自己發揚優點、改正缺點。只有全面的反省，才能真正認識自己，只有真正認識了自己並付出了相應的行動，才能不斷完善自己。

反省其實是一種學習能力，反省的過程就是學習的過程。如果我們能夠不斷反省自己所處的境況，並努力的尋找種種解決問題的方法，從中悟到失敗的教訓和不完美的根源，並能全力以赴去改變，這樣我們就可以在反省中清醒，在反省中明辨，在反省中變得睿智，直至獲得成功的智者。一個學會了反省的人，世界上再沒有任何艱難險阻，可以妨礙他走上成功的道路。

不肯自省吾身之人行為乖張，處處傷人，最終傷己。項羽氣走亞父，不知自省吾身；趕走韓信，仍不知自省吾身。最終被困垓下，拔劍自刎於烏江河畔。「大風起兮雲飛揚」的豪情壯志，終於取代了「虞兮虞兮奈若何」的沉重嘆息。霸王之敗，後人哀之，倘若後人尚不知自省吾身，必使後人復哀後人矣。

「失敗乃成功之母」，就是說：失敗了不要灰心，好好反省反省，找出問題根源所在，下次就能成功了。成功者之所以能夠成功，往往表現在能正確的對待不足和失敗，能夠在反省中總結教訓。避免再次失敗，那需要自我反省，勇敢的面對它。如果我們像受傷的小鹿一樣拚命的避免它們，我們就遁入一個怪異循環，你越想逃避，失敗越是如影隨形。所以說失敗是成功之母，前提是要好好反省。反省，正是面對失敗，找出錯誤、改正錯誤的前提。

　　夏朝時候，一個背叛的諸侯有扈氏率兵入侵夏朝，夏禹派他的兒子伯啟抵抗，結果伯啟被打敗了。他的部下很不服氣，要求繼續進攻，但是伯啟說：「不必了，我的兵比他多，地也比他大，卻被他打敗了，這一定是我的德行不如他，帶兵方法不如他的緣故。從今天起，我一定要努力改正過來才是。」

　　從此以後，伯啟每天很早便起床工作，粗茶淡飯，照顧百姓，任用有才幹的人，尊敬有品德的人。過了一年，有扈氏知道了，不但不敢再來侵犯，反而自動投降了。

　　這個故事提醒我們，當遇到失敗或挫折，假如能像伯啟這樣，肯虛心的反省自己，馬上改正有缺失的地方，那麼最後的成功，一定是屬於你的。不要花了代價，又學不到教訓，那就悲哀了！

　　你並非一定要等到遭受失敗與挫折才能夠進行反省。兩千多年前的孔子就提出了「吾日三省吾身」。現在是速度革命時代，一天只有「三省」或許不夠，應該具有高敏感度，時時刻刻都能自我反省才對。唯有如此，才能時刻保持清醒。人做一次自我檢查容易，難就難在時時進行自我反省，時時給自己一點壓力，一點提醒。有空多反省一下自己吧，它會使你在工作上多一些自如，少一些被動。

▍把創新當成習慣

　　雖說知識就是力量，但即使一個人滿腹經綸，若不懂創造與創新的話，也不是一個強者。因為只有創造與創新才能賦予知識活力。

　　在資訊網路時代，電腦代替了人腦部分的記憶功能與推進功能，資訊高速公路使人們需要的大量知識和資訊可以迅速獲得。知識越來越社會

第十二章　挑戰與超越自己

化，越來越容易獲取，創新因此成了大腦最重要的功能。三百六十行，要想當「狀元」，哪一行不需要創新？發展創新思維是擺在人們面前一項艱鉅而又必須進行的任務。

一個墨守成規的公司沒有前途，一個墨守成規的員工也沒有前途。改進自己的工作方法、創新自己的工作思路是每個員工必須努力去做的事。要想成為最能為公司創造效益的員工，首先你必須具有主動改變、主動創新、主動進取、主動改善的意識和能力。唯有改變和創新才能實現工作效率和工作品質的大幅提升。

再生老鷹是世界上壽命最長的鳥類，牠一生的年齡可達 70 歲。

要活那麼長的壽命，牠在 40 歲時必須做出困難卻重要的決定。當老鷹活到 40 歲時，牠的爪子開始老化，無法有效的抓住獵物。牠的喙變得又長又彎，幾乎碰到胸膛。牠的翅膀變得十分沉重，因為牠的羽毛長得又濃又厚，使得飛翔十分吃力。牠只有兩種選擇：等死，或經過一個十分痛苦的更新過程。

150 天漫長的操練。牠必須很努力的飛到山頂。在懸崖上築巢。停留在那裡，不得飛翔。老鷹首先用牠的喙擊打岩石，直到完全脫落。然後靜靜的等候新的喙長出來。牠會用新長出的喙把指甲一根一根的拔出來。當新的指甲長出來後，牠便把羽毛一根一根的拔掉。

5 個月以後，新的羽毛長出來了。老鷹開始飛翔。重新得以再過 30 年的歲月！

在我們的歲月中，有時候我們必須做出困難的決定，開始一個更新的過程。我們必須把舊的習慣，舊的傳統摒棄，使我們可以重新飛翔。只要我們願意放下舊的包袱，願意學習新的技能，我們就能發揮我們的潛能，創造新的未來！我們需要的是自我改革的勇氣與再生的決心……

職場之中，像時尚界一樣，容易落後的不是你的衣服，而是你的想法和能力 —— 對待工作的態度。為什麼人能夠獲得這麼大的進步？因為人有創新能力。有創新能力，這就是人區別於其他動物的地方。創新能力是從哪裡來的呢？不是從天下掉下來的，也不是生來就有的。創新能力的基礎是學習能力，創新能力是在學習過程當中形成的觀察、比較、思考、推理、篩選、傳承、改造、發展等能力的基礎上形成的，創新能力實際上是一種推陳出新的能力。

無論如何，打開創造之門是內因和外因的結合，而且最重要的是要突破你自己。一是要有良好的心態。任何人都要經過成功與失敗的反覆交替，在這種變化中，你就要學會生活的方法，提高你的心理承受力。二是要腳踏實地一步一步的去做，僅有理想、目標是不夠的，不知道怎樣一步步去做是不行的。關鍵是一定要符合自己的切身實際，只有這樣才能不斷的獲得成功，才能不斷的激發創造力，培養起創新精神。

勇於挑戰高難度工作

阻礙你在職場上發展的最大的障礙是什麼？不是虎視眈眈的競爭者，也不是嫉賢妒能的昏庸老闆，最大的障礙是你自己！是你面對高難度工作推諉求安的消極心態。

勇於向「不可能完成」的工作挑戰的精神，是獲得成功的基礎。職場之中，很多人如你一樣，雖然頗有才學，具備種種獲得老闆賞識的能力，但是卻有個致命弱點：缺乏挑戰的勇氣，只願做職場中謹小慎微的「安全專家」。對不時出現的那些異常困難的工作，不敢主動發起「進攻」，一躲再躲，恨不能避到天涯海角。你們認為：要想保住工作，就要

第十二章　挑戰與超越自己

保持熟悉的一切，對於那些頗有難度的事情，還是躲遠一些好，否則，就有可能被撞得頭破血流。結果，終其一生，也只能從事一些平庸的工作。

西方有句名言：「一個人的思想決定一個人的命運。」不敢向高難度的工作挑戰，是對自己潛能的畫地為牢，只能使自己無限的潛能化為有限的成就。與此同時，無知的認識會使你的天賦減弱，因為你的懦夫一樣的所作所為，不配擁有這樣的能力。

「職場勇士」與「職場懦夫」，在老闆心目中的地位有天壤之別，根本無法並駕齊驅，相提並論。一位老闆描述自己心目中的理想員工時說：「我們所急需的人才，是有奮鬥進取精神，勇於向『不可能完成』的工作挑戰的人。」具有諷刺意味的是，世界上到處都是謹小慎微、滿足現狀、懼怕未知與挑戰的人，而勇於向「不可能完成」的工作挑戰的員工，猶如稀有動物一樣，始終供不應求，是人才市場上的「搶手貨」。

在如此失衡的市場環境中，如果你是一個「安全專家」，不敢向「不可能完成」的工作挑戰，那麼，在與「職場勇士」的競爭中，永遠不要奢望得到老闆的垂青。當你萬分羨慕那些有著傑出表現的同事，羨慕他們深得老闆器重並被委以重任時，那麼，你一定要明白，他們的成功絕不是偶然的。

如同禾苗的茁壯成長必須有種子的發芽一樣，他們之所以成功，得到老闆青睞，很大程度上取決於他們勇於挑戰「不可能完成」的工作。在複雜的職場中，正是秉持這一原則，他們磨礪生存的利器，不斷力爭上游，才能脫穎而出。

職場之中，渴望成功，渴望與老闆走得近一些，再近一些，是多數員工的心聲。如果你也在其列，那麼當一件人人看似「不可能完成」的艱難工作擺在你面前時，不要抱著「避之唯恐不及」的態度，更不要花過

多的時間去設想最糟糕的結局，不斷重複「根本不能完成」的念頭——這等於在預演失敗。就像一個高爾夫球員，不停的囑咐自己「不要把球擊入水中」時，他腦子裡將出現球掉進水中的映像。試想，在這種心理狀態下，打擊出的球會往哪裡飛呢？

懷著感恩的心情主動接受它吧！用行動積極爭取「職場勇士」的榮譽吧！讓周圍的人和老闆都知道，你是一個意志堅定，富有挑戰力，做事敏捷的好員工。這樣一來，你就無須再愁得不到老闆的認同了。

你也許會用「說起來簡單做起來難」來反駁這些思想。其實，很多看似「不可能」的工作，困難只是被人為的誇大了。當你冷靜分析、耐心梳理，把它「普通化」後，你常常可以想出很有條理的解決方案。

而最值得一提的是，要想從根本上克服這種無知的障礙，走出「不可能」這一自我否定的陰影，躋身老闆認可之列，你必須有充分的自信。相信自己，用信心支撐自己完成這個在別人眼中不可能完成的工作。

信心會給予你百倍於平常的能力和智慧。因為「自信的心」能夠打開想像的心鎖，讓你能夠馳騁在理想的空間，賦予你實現夢想的「關鍵元素」——足夠的能力和智慧。

你或許也發現了這樣一種情況：在你的周圍，那些十分自信的同事總能把工作完成得很好，而在你眼中，這些工作常是不可能完成的。可是到了他們那裡，一切都迎刃而解，也因此，他們越來越受老闆器重。

此時此刻，在了解了自信的魅力後，相信你不會再對他們投注那麼多的驚嘆和質疑。要知道，如果你自己擁有了足夠的自信，同樣也有能力化腐朽為神奇，將「不可能」變為「可能」。

當然，在灌注信心的同時，你必須了解這些工作為什麼被譽為「不可能完成」，針對工作中的種種「不可能」，看看自己是否具有一定挑戰

 第十二章　挑戰與超越自己

力，如果沒有，先把自身功夫做足做硬，「有了金剛鑽，再攬瓷器活」。須知道，挑戰「不可能完成」的工作常有兩種結果，成功或失敗。而你的挑戰力往往使兩者只有一線之差，不可不慎。

　　但換言之，如果你對自己的挑戰力判斷有誤，挑戰之後讓「不可能完成」變成現實，千萬不要沮喪失望。聰明、成熟的老闆，一定不會只看結果是成功還是失敗了，他決定你是否應該受到器重，還會觀察你的勇於挑戰的工作態度和頭腦的運用。他比任何人都明白，沒有一種挑戰會有馬到成功的必然性。所以，你依然是老闆喜愛的「職場勇士」。同時，你所經歷的、所得到的，都是膽怯觀望者們永遠都沒有機會知道的 —— 因為他們根本就不敢嘗試。

第十三章
老闆最不喜歡的六種人

要做就做老闆喜歡的員工。

人的看法很奇妙，對某人從喜歡到不喜歡的轉變比較容易，但從不喜歡他到喜歡他則非常之難。因此，人在職場，若一時還做不到讓老闆喜歡，至少先做到莫讓老闆不喜歡。如果成了老闆不喜歡的人，再要變成他喜歡的人則太困難了。

不同的老闆也許會喜歡不同的員工，但所有的老闆對於不喜歡的員工卻有著驚人的一致。在本章，我們將列舉六種時下老闆們最感到憤怒的員工。

▌容不得批評的人

在工作過程中一遇到批評，心裡就鬧情緒，認為是別人故意與自己過不去。或覺得自己總是不能令人滿意，沮喪得恨不得找個地方藏起來，把批評變成了世界末日。在受到批評時，斷然否認批評的合理性，進而懷疑他人；不假思索的全盤接受批評，並為自己的過失而惶恐不安。這兩種面對批評的態度，都屬於「容不得批評」。

古人云：聞過則喜。現實中真正能正確面對批評的人不多，喜歡被批評的人更是少見。尤其是缺少自信的人，對批評有著超常的敏感性，一遇到別人對自己的批評，總千方百計想避開它，久而久之就會產生恐懼感，越是沒自信就越害怕別人批評，越害怕批評，就越容易摔大跤，克服害怕批評的唯一辦法是勇敢的面對它。

要冷靜的傾聽批評，不要中途打岔，不要用臉部表情或身體動作表現出你不願讓對方繼續說下去，而應在心中仔細想想別人的指責，找出自我偏差，並勇敢的承認它。

　　讓對方明白的說出他的意見，如果他對你的批評表現得含混不清，你就不會知道自己的缺點是什麼。請批評者對自己提出建設性的建議，這樣不但可以了解對方，而且還可以學到解決問題的方法。

　　如果別人批評得不合理，也要讓對方把話說完再解釋。如果別人批評得有理，的確是自己的錯誤，那麼你中途打斷就應向對方道歉，表示願意改正。不過，不必一而再，再而三的請求別人原諒，過分的謙卑無益於自信的培養。

　　無論別人的指責對錯與否，關鍵是絕不能只關注事物的表面，未經思索就認定一切。你必須立即提出反問，盡快明白對方準確的意圖。在向對方發問的時候，態度要客觀、冷靜，不要摻雜排斥和敵對的情緒。要站在對方的立場想問題，體會他的感受。這種做法有助於加強雙方的交流，並互諒互讓，達成共識。如你可以說：「你的意見沒錯，我的確太大意了。我們可以協商出更好的辦法。」即使你遇到的是對方的錯誤的、不公正的指責，也不要當面與其衝突，要讓自己冷靜再冷靜，並表現出一種感謝與信任的表情，避免一場紛爭，才是真正的勝利者。只要掌握順應的竅門，讓對方覺得自己受到了重視，對方才會很快的怒氣自消，喪失威力。

　　當充滿火藥味的場面緩和之後，你就可以開始誠懇的解釋一切了。倘若對方的指責是錯誤的，而你又必須以客觀的立場表達自己的看法時，說話要留有餘地，千萬不可輕易評論對方。如果對方是正確的，一語中的，指出了你的缺點，你就要認真而虛心的接受，並表達你的感激與歉意，這會使對方對你有好感的。

　　工作中任何批評都是有原因的，不妨先找出問題的癥結。如果你真的受了委屈，也不要與別人發生衝突，千萬不可把批評當成世界末日，而是要以寬容的態度對待它，並積極的加以解決。

 第十三章　老闆最不喜歡的六種人

▌混飯吃的人

　　一個頹廢的員工，如同糊不上牆的稀牛屎，到任何一個公司都不能討老闆的喜歡。這類員工常常對別人說：「過一天算一天吧！……能混口飯吃就行了！」、「怎麼做都不至於丟飯碗吧！」他們實際上已經承認了自己人生的失敗，甚至他們已經偏離了人應該具有的正當生活，根本就談不上什麼「進步」與「成功」。

　　為什麼不能提起精神來呢？振作精神雖然未必能立竿見影，使你得到物質上的收益，但是它能夠使你的生活變得充實起來，並使你工作重新獲得無窮的樂趣。如果不振作精神，做任何事情都不會有進步。你必須集中你的全部精力與體力去完成它，每天都要使自己的能力有明顯的進步，經驗有相當的累積。其實所有的工作都可以用來發展我們的才能，豐富我們的經驗。如果一個人振作起來，有那樣的意志力，那麼他的收入一定不會只是限制在「填飽肚子」的程度。

　　世界上的各種偉大事業沒有一件是只想「填飽肚子」的人，或者「得過且過」的人做成的。做成這些大事業的，都是那些意志堅定、不畏艱苦、充滿熱忱的人。試問一個想創作一幅名作的畫家，如果他拿筆的時候都心不在焉，畫畫時有氣無力，只是東塗西抹，那麼他能畫成一幅傳世名作嗎？對一位想寫一首名垂千古好詩的大詩人來說，對一個想創作一部為人傳誦的名著的作家來說，對一個想研究出一門有利人類的高深學問的科學家來說，如果他們工作時無精打采，草草了事，那麼他們有成功的一天嗎？

　　霍勒斯‧格里利（Horace Greeley）先生說，如果想把事情做到最完美的境地，就非得有深邃的眼光和充分的熱誠不可。一個生氣勃勃、目標明確、深謀遠慮的職場人士，一定會接受任何艱難困苦的挑戰，會集中心思

向前邁進。他們從來不認為生活是可以「得過且過」的，所以，他們的生活日日是新的，他們的每月每天都在按計畫的進步，他們知道，一定要向前進，不管是進了一寸還是一尺，最重要的是每日都在進步。他們時常擔心自己的能力不夠，經驗不足，唯恐自己淪落為一個僅能混口飯吃、僅能填飽肚子的平庸之輩。

世界上有無數的人在糟蹋自己的潛能和才幹，每遇到工作中必須由他們自己來負責的事情，他們還總是習慣性的躲避，不敢面對眼前的困難與挫折，恨不得馬上有人伸出援助之手，來幫助他、保佑他。在這群得過且過、懈怠懶惰、能混口飯吃就行了的懦弱者的眼裡，彷彿世界上一切的好位置、一切有出息的事業，都已人滿為患。的確，像他們這樣懶散成性能混口飯吃就行了的人，無論走到哪裡，都不會有他們的立足之地，沒有哪家公司會需要他們。社會的各行各業都急切需要那些肯負責任、肯努力奮鬥、有主張有見地的人。

一個富有想法和判斷力、具有創造力、能夠刻苦耐勞的人，隨處都可以立足，在哪裡都有希望。而另外一些得過且過，不思上進的人只會埋怨機會太少，或懷才不遇，從來不想想自己的問題出在哪裡，那種人是一輩子都不會有出息的。

牢騷滿腹的人

一個牢騷滿腹的人，鬼見了都會繞道走。這種人就像一個裝滿了怨恨的火藥桶，隨時隨地產生爆炸。他們或因工作暫時受挫，就埋怨生不逢時；或因不受上司賞識，哀嘆懷才不遇；或因經濟入不敷出，自愧囊中羞澀……。積怨越深，無名火越大，在公司裡到處發洩，甚至大放厥詞。日

第十三章　老闆最不喜歡的六種人

久天長，養成惡習，上班不是指桑罵槐，就是含沙射影。

　　這種人多半心胸狹窄，爭強好勝，自視甚高，旁若無人。即使生就一副伶牙俐齒，但因為牢騷滿腹，畢竟惹人討厭。身為這種員工的老闆，要麼是找碴找得其自動離職，要麼是直接揮舞手中的人事大權，讓其去其他地方發牢騷。

　　為什麼要牢騷不斷呢？如果你在生活中有什麼不如意，請在生活中去解決，不要帶進工作場合。如果不如意來自於工作當中，你要學會理性去解決，而不是毫無用處的抱怨。如果工作場合的矛盾解決不了，也沒有必要發牢騷。你要麼轉換心境去接受，要麼轉換工作去改變。發牢騷百害而無一益。

　　職場上導致牢騷不斷的常見原因是懷才不遇。自己滿腹才華，學富五車，身手不凡，卻不遇明主，無法施展才能和抱負，當然有些委屈。委屈怎麼辦？靠發牢騷來發洩只能產生負面作用，還不如像我們前面所提及的「化生氣為爭氣」：接受安排，積蓄力量，蓄勢再發，或者自薦於人。

　　一遇到不平事，就發牢騷、鬧情緒，那等於把自己的長處全都藏了起來，把弱點全都暴露在別人面前。你要謹記，在公司中，憑藉發牢騷、鬧情緒，來使老闆害怕你，使老闆覺得對不起你而升你的職，是絕對不可能的。只有當老闆覺得你能任勞任怨，工作重，報酬少時，他才會感到虧待了你，有了機會才會想到你。聰明人知道順時而變，待價而沽，是真金總有發光的時候，是千里馬總會遇到伯樂；或者，即使你一輩子屈居人下，仍是你自己沒有本事，沒有讓自己的才能發揮的本事，有什麼好抱怨的呢？

▎自以為是的人

小羅出身書香世家，畢業於名校，一生平坦順利，從不知挫敗為何物。公司高層每有小動作，小羅就洞若觀火，屢有先見之明發表。每每當高層決策失當，遭受挫折時，小羅就四處炫耀其高瞻遠矚、智慧過人。

老闆心下氣惱，交給他一個有點難度的業務，想藉機整整他。小羅費了九牛二虎之力終於完成，滿心等著老闆誇獎，老闆淡淡的說：比我預想的遲了三天。小羅無形中吃了一記悶棍，不待其休整，老闆又交給他一個更難的任務，這次是要他去奪回一個被競爭對手搶走了的重要客戶。小羅使盡渾身解數，結果仍沒有成功。老闆問：「你認為公司誰能完成此任務？」小羅搖頭，言下之意，無人在我之上。老闆說：「讓小李試試吧。」小羅一臉的不屑。不出一個月，小李將客戶重新拉了回來。在例會上，老闆盛讚了小李，同時也把小羅樹為反例進行了批評。

可以肯定，小羅的性格一日不改，他在公司的日子就不會有舒心的一天。除非他離開這家公司──但到了別的公司，他這種自以為是的派頭，不是照樣會招來其他老闆或上司以及同事的修理嗎？

自以為是的人大都是從來不認錯的人。這種人對自己的眼光和能力從來都不懷疑，有時明明是自己錯了，卻就是不承認；明明是自己將事物搞得很糟，但就是不認帳；明明是自己的想法出了問題，卻偏偏說是他人將他的想法理解錯了……總之，黑的說成是白的，錯誤變成了真理，成績永遠是自己的，錯誤永遠是他人的，即使是他有錯，也是「一個指頭和九個指頭」，是「七分成績和三分缺點」，因而經常是倒打一耙，反誣批評者不懷好心，不僅如此，為了徹底杜絕批評者的反對聲音，還會利用權勢大整特整那些批評者。

第十三章 老闆最不喜歡的六種人

自以為是的人一般都是好大喜功的人。這類人喜歡自我肯定、自我表彰，做了一點點有益的事，就沾沾自喜，到處表功，唯恐他人不知道。這類人也只喜歡聽好話，聽吹捧的話，不喜歡聽不同的意見，更不喜歡聽反對的話，因而在他的周圍聚集著一群獻媚於他的小人，這些小人會投其所好，在他的面前搬弄是非。

自以為是是一種非常可怕的壞毛病。它可以使人越來越不知道天高地厚，離真理越來越遠，離逆境越來越近。那麼，怎麼糾正或消除自以為是這一壞毛病呢？

一是要謙虛謹慎，虛榮心不要太強，應盡量聽取別人的意見。心太滿，就什麼東西都裝不進來；心不滿，才能有足夠裝填的空間。古人說得好：「滿招損，謙受益。」做人應該虛懷若谷，讓胸懷像山谷那樣空闊深廣，這樣就能吸收無盡的知識，容納各種有益的意見，從而使自己充實豐富起來，不犯文過飾非的毛病。

二是不要輕易否定別人的意見。要理解別人，體貼別人，這樣就能少一分盲目和偏執。要善於發現別人見解的獨到性，只有這樣才能多角度、多方位、多層次的觀察問題，這是一個現代人必須具備的特質。無論如何，不能一聽到不同意見就勃然大怒，更不能利用權勢將他人的意見壓下去、頂回去。這樣做是缺乏理智的表現，是無能的反應，只能是有百害而無一益。

三是要有平等、民主的精神。而這種精神形成的前提條件是有一種寬容的心態。只有互相寬容，才能做到彼此之間的平等和民主。學會寬容，就必須學會尊重別人。尊重老闆，人們一般都容易做到，而尊重比自己「低得多」的人，尊重普通人，尊重被自己領導的人，卻很難很難，尊重（民主）就必須從這一點開始。什麼叫尊重？就是認真的聽，認真的分

析，對的要吸收，並要在行動上改正，即使是不對的，也要耐心聽，耐心的解釋，做到不小氣、不狹隘、不尖刻、不勢利、不嫉妒，從而將自己推到一個新的思維修養高度。

四是要樹立正確的思考方法。一個人為什麼會自以為是？重要原因之一就在於他的思考方法成了問題，經常是一孔之見還要沾沾自喜，經常是一葉障目還要自得其樂。這類人不懂天外有天，不懂世界的廣闊，因而夜郎自大，所以必須在思考方法上來一個徹底的脫胎換骨。

五是要多做調查研究。自以為是就是想當然，認為自己在書房裡想的一切都是千真萬確，明明是脫離實際的，卻還硬要堅持下去。為什麼？就是因為他們書本知識太多，實際知識太少。所以建議這類人要多多深入到火熱的實際生活中去，進行實地的調查研究，看一看實際是怎麼回事，這樣就很容易避免自以為是的產生。

把公司當跳板的人

如果你是老闆，你願意你的員工只是把公司當成一塊「跳板」嗎？

以公司為跳板的做法，本質上還是缺乏對職業的忠誠、對公司的忠誠，這樣的員工自然不會受到老闆的青睞，得不到發展的機會，也不會有什麼成就。

幾乎所有的企業領導者都對這種以企業為跳板來達到自己目標的做法表示異議，一位公司的負責人說：「許多應徵者才剛踏入職場兩、三年時間，卻已經換了好幾個工作單位了，對於這樣的人，公司是不歡迎的，因為他們太不穩定了，而且缺乏誠信和忠誠。」

現代社會，資訊發達，為人們提供了很多工作的機會，也有工作後再

第十三章　老闆最不喜歡的六種人

選擇的機會，以公司為跳板實現自己的目標，跳槽的事情已經是司空見慣了。很多企業在不惜一切代價對員工進行培訓後，員工再累積一定的經驗，往往是以這個公司為跳板，跳去了另一家公司，這樣就使得企業很被動。

　　一位人力資源經理對我說：「當看到申請人員的履歷上寫著一連串的不同的工作單位和工作經歷，而且是在短短的時間內，我的第一感覺就是這個人的工作換得太頻繁了，頻繁的換工作並不代表一個人工作經驗豐富，而是說明了他的忠誠度有問題，他的適應性很差或者工作能力低，如果他能對企業和自己的職業忠誠，快速適應一份工作，就不會輕易離開，因為換一份工作的成本也是很大的。這樣頻繁跳槽的人，不能給人一種安全感和信任感。一個什麼工作都做不長的人，讓人感到不會是公司的問題而是他本人的問題。他的工作能力值得懷疑；他對企業的忠誠度值得懷疑；我不能肯定他會在我的公司做得長久。所以這樣的人，我們在錄用時顧慮就會比較多。」

　　員工對企業的不忠誠，不僅對企業的負面影響較大，而且也會影響到他自己的道德和信念，沒有哪個老闆會用一個對公司不忠誠的人。

　　以公司為跳板的想法，導致了很多人甚至是頻繁的跳槽，而這樣做的弊端也是顯而易見的。

　　首先，對工作不利。一個人到一個企業從接受任務到熟悉業務，要有一個過程。想在工作中做出成績，有所建樹，需要的時間更長。如果頻繁跳槽，對業務剛有點熟悉，又去了新的公司，有的還變換了工種、專業，又要重起爐灶重新開張。跳來跳去，始終處在陌生的工作環境之中，不斷需要從頭開始、重新學習，這對工作是極為不利的。

　　其次，對自己的進步不利。要做好一件事，就要全心全力的投入。有句話叫「板凳要坐十年冷」，就是說要十年、幾十年如一日的刻苦鑽研、

埋頭工作，才能使自己不斷提升、進步。如果終日見異思遷，這山望著那山高，心思不定，坐凳不熱，怎麼能提高自己的學識程度和業務能力呢？如果一味為了個人的利益而不安心工作，頻繁跳槽，還會影響自己的形象和聲譽，使用人單位對你側目而視。

最後，對用人單位不利。用人單位把任務交給你，指望你挑大梁，擔主角，而你卻半途而廢，撒手他去，會對用人單位帶來麻煩，有時還會造成損失。

成績是做出來的，不是「跳」出來的。勝任任何一個職位，都要有相當的知識和經驗。這些經驗來自於工作者在實踐中不斷摸索和累積。而頻繁跳槽，決定了一個人在職位上只能是「蜻蜓點水」，哪來多少累積，總之，不安心本職工作，想的不是好好工作，而是再謀高就，怎麼可能獲得令人滿意的成績，這就是丟了「西瓜」。

有些人把跳槽的原因歸結於原公司的環境不如意、人際關係難處，試圖透過跳槽來改變這種現狀。其實，努力學會適應環境，改善環境，正是進步和提升的一部分。害怕和拒絕這種鍛鍊，又是丟了一次很好的機會。

一個人不管做什麼工作都要把工作做好，這是對所從事的職業的高度責任感，是對職業的忠誠，是承擔某一責任或者從事某一職業所表現出來的敬業精神。對於公司來說，忠誠會使企業的效益有很大的提高，還會增強公司的凝聚力，使公司更具競爭力；對於員工來說，忠誠能讓你更快的和公司融為一體，真正的成為公司的一分子，更具有責任感，更有成功的機會。

第十三章　老闆最不喜歡的六種人

▌嫉賢妒能的人

這類人一般是有點資歷的老員工或有一定職位的「主管」。新員工或普通員工因為位置的關係，一般不存在嫉賢妒能 —— 他們更多的是佩服與學習賢能。老闆最喜歡的是賢能，你要是嫉賢妒能，豈不是和老闆公然作對？公然和老闆作對能有你的好果子吃嗎？

關於嫉妒，早在一百多年前德國偉大的古典唯心主義大師黑格爾（G. W. F. Hegel）就分析過且指出：「嫉妒便是平庸的情調對卓越才能的反感」、「有嫉妒心的人，自己不能完成偉大的事業，就盡量去低估他人的偉大，貶低他人的偉大，使之與他人相齊」。

嫉妒有兩種：一種是害怕別人超過自己；另一種是醉心於或是故意炫耀自己的成績，激起對方的嫉妒之心，以此作為一種興趣來享受。在人類的一切私欲中，嫉妒之心是比較頑固、持久的心理現象。

嫉妒是共同事業合作中的一大障礙，它是一個人內在虛弱自私的反映。一個有著強烈事業心的人，時時想著如何為公司多做有益的事情，懂得事業成功要靠大家的努力：一個充滿成功欲和自信的人，會努力的充實自己，相信靠著不懈的奮鬥和追求定能獲得成功。他無暇去想方設法找別人的毛病，挑別人的刺，永遠不會擔憂因為別人的成功而影響自己。

美國加州大學一位教授在對各行各業 1,500 個事業上有成就的職場人士進行研究後認為，這些成功者有一些共同特點，其中一項就是這些人是在與自己競爭，而不是與他人競爭。他們想的是盡最大努力把事情做好，樂於團體合作，富有團隊意識。他們懂得，群體的智慧更利於解決棘手的問題，而很少想到怎麼打敗對手。試想，一個總擔心別人勝過自己，過分分心去考慮如何戰勝對手，把精力放在為別人設置障礙的人，還能在事業

上獲得真正的成就嗎？

工作中嫉妒之心無論如何，對人對己都是有害的，因此，我們必須將這種無聊有害的情緒從自己心靈中清除，我們需要從下列四個方面去努力：

- **認清危害**：嫉妒完全是一種於人有害於己無益的不道德心理。糾纏在這種情緒中，就連自己都不能邁步前行，而且這種心理本身就是一種見不得人的猥瑣和卑鄙，因此，必須將其徹底掃蕩。

- **克服私念**：在現實生活中，嫉妒者對關係好的同事的進步和成就，總是大度容忍；而唯有對自己關係緊張的同事，尤其是相同資歷、低資歷者過不去。之所以如此，主要是因為嫉妒者將關係好的同事看作「自己人」，只是放大了的「自己人」而已。因此，克服私念是益己益人的大好事，也是消除嫉妒心的基礎條件。

- **認識自己**：心存嫉妒者，首先自己也是想出人頭地的，無論怎麼掩飾，嫉妒的表現已經反映了這種心理。對此，嫉妒者應當正確的評論自己，在生活和工作中盡可能的發揮自己的優勢，只要恰如其分的進行努力，至少可以在某些方面獲得成績。另外，還得承認，你即使天資過人、精力旺盛，也不可能永遠領先、永遠不被別人超過。因此，正確的評價、看待自己和別人，也是從心理上戰勝嫉妒心的武器。

- **替人著想**：俗話說的「將心比心」就是這個道理，心理學稱之為「心理位置互換」，當你感到嫉妒之心油然而生時，你可以想一想，「假如是我獲得了成績，對別人這種無端的怨恨，心中會有什麼感受？」這種換位思維常會十分有效的幫助你擺脫苦悶的嫉妒心理。與嫉妒心對抗，的確是一場艱苦的磨練，克服嫉妒心不能尋求任何外來的幫助，而全在於自己心中的調理。你得看到，此情害己，這常常是有嫉妒心者苦悶的根源。

第十三章　老闆最不喜歡的六種人

第十四章
你可以找老闆的碴嗎

第十四章　你可以找老闆的碴嗎

老闆可以找員工的碴，員工也可以找老闆的碴嗎？

當然可以。老闆是人，不是神。老闆也會犯錯，你完全可以指出老闆的「碴」，以幫助老闆修正自身。不要因為你在老闆手下工作，就噤若寒蟬，他不是奴隸主人，你也不是奴隸。你們在人格上是平等的。更何況，找老闆的碴，讓公司營運更加通暢健康，既是一種對老闆的負責，也是一種對自己的負責。因為只有公司發達、老闆發達，作為員工的你才能發達。相信每一個具有現代經營管理能力的老闆，都渴望有這樣的員工來幫自己找碴。

▍該找老闆哪些碴

有一則笑話，說的是某公司開會，老闆這次想做點新改變，於是要求大家不要老是對自己高唱讚歌，要以提意見為主。這個要求顯然有點「不人道」，對於那些善於吹捧逢迎的人來說，提意見比唱讚歌要難多了。但還是有人勇於面對，他的意見是這樣提的：「老闆，說實在的，我對您一直就有一個很大的意見 —— 您太不注重身體了！每天看著您上下奔波，我的心裡就難受啊。想一想：您要是為了工作而將身體累垮，我們全公司的工作怎麼辦？我們公司離不開您啊⋯⋯」

像上面這種變相逢迎之類的「碴」，我們還是少找些好。現代的老闆們都是人精，你這點小聰明不但會輕易被老闆識破，還會為同事所不齒。要找就找那些能幫助老闆提升企業效益的碴。對事情不對人的碴，老闆絕對是歡迎的。

我們前面說過，公司是載員工遠航的船，員工和老闆是在同一條船上。雖然在船的航行過程中，作為船長的老闆負有更大的責任，但作為水

手的員工也絕對不能以一個外人的態度處之。這艘船要安全快捷，需要大家的齊心協力。船長有什麼疏漏，水手要盡力幫助其了解並彌補。

具體來說，員工找老闆的碴應當鎖定在「公事」上，哪個方針不完善，何種資料不適用，這些都可以理直氣壯的找老闆的碴。

找老闆的碴，絕非鼓勵大家動不動和老闆槓上。事實上，找老闆的碴是一種不把自己當外人的敬業精神。在當今轉型時代，許多企業都或多或少的存在一些問題。例如制度不科學、流程不合理、指令不清晰、責任不明確等等。我們一直強調，你的老闆是和你我一樣的普通人，而不是完人，更不是神仙，同樣會有自己的缺點和不足，在工作中會有這樣那樣的不足和毛病。同時，就像「人無完人」所說的道理一樣，任何一家企業都會有自身的問題和缺陷，國際知名企業也不例外。假如與企業相關的缺陷和不足不被員工關心與重視，那就沒有什麼企業值得關心、沒有什麼工作值得去重視了。

當你發現企業存在的缺陷和不足時，你應該做的是認真的向上司或老闆提出來，不要消極應對或私底下發牢騷。要記住，最重要的不是看公司有沒有缺陷、有什麼具體的缺陷，而是看公司是否在積極的追求進步，同時以自己的積極努力來配合公司的發展。

當你向公司提出意見和建議後沒有人重視，如石沉大海一般無聲無息的消失了之後，意味著你為公司積極努力的工作熱情沒有得到保護，為公司做出的積極的奉獻沒有得到表彰和獎勵。這時，你一定會感到很難過、很委屈，甚至會感到很沮喪，看不到希望。這些都是正常的，也是可以理解的。但是，千萬不要因為暫時沒有得到上司和老闆的認同和讚賞就停止努力，不要因此而放棄敬業，選擇消沉和懈怠。當你感到上司、老闆的「眼睛」出了問題，在管理上可能患了近視、老花或是偏光、有色的毛

病，沒能看清楚你的表現、沒能保護你的熱情、沒能給你合理的回報時，更努力一點，更主動一點，讓他們有更多的機會感受你的敬業熱情。只要堅持不懈，就能得到應有的關注和回報。

忠言未必非得逆耳

自古以來，就有「良藥苦口利於病，忠言逆耳利於行」的說法。於是，我們見多了不少冒死直諫的忠臣良相。事實上，良藥未必都苦口，即使是苦口的良藥，在現今也多被有心人裹以糖衣，以「可口」之面貌行「利病」之實質。忠言也應該向裹有糖衣的苦口良藥學習，盡量做到順耳一些。

當老闆工作中出現或將要出現錯誤時，作為下屬的你有義務提出來。這是你敬業與忠誠的一種表現。不過，你在建言時一定要注意方法與策略。

「直言諫上」固然是一種美德。但古往今來虛懷若谷、從善如流的明主是極為少見的，如果不問對象、不分場合的一味使用「直言相諫」，很容易使上下級關係弄僵，有時甚至反目為仇。其實，對上級主管的忠言，可以透過讚揚、稱頌的方式出現。雖說「忠言逆耳利於行，良藥苦口利於病」，但事實上「忠言」可以做到不「逆耳」，「良藥」未必都「苦口」。

想要別人接受你的想法，首先就要試著接受別人。職場上向老闆請教是一種裹著「糖衣」進諫的順耳方式。向老闆請教，有利於找出你們的共同點，這種共同點，既包括在方案上的一致性，又包括你們在心理上的相互接受。

　　許多研究者都發現，「認同」是人們之間相互理解的有效方法，也是說服他人的有效手段，如果你試圖改變某人的愛好或想法，你越是使自己等同於他，你就越具有說服力。因此，一個優秀的推銷員總是使自己的聲調、音量、節奏與顧客相稱。正如心理學家所說的那樣：「一個釀酒廠的經理可以告訴你一種啤酒為什麼比另一種要好，但你的朋友，無論是知識淵博的，還是學識疏淺的，卻可能對你選擇哪一種啤酒具有更大的影響力。」而影響力是說服的前提。

　　有經驗的說服者，他們常常事先要了解一些對方的情況，並善於利用這點已知情況，作為「根據地」、「立足點」。然後，在與對方接觸中，首先求同，隨著共同的東西的增多，雙方也就越熟悉，越能感受到心理上的親近，從而消除疑慮和戒心，使對方更容易相信和接受你的觀點和建議。

　　員工在提出建議之前，先請教一下自己的老闆，就是要尋找談話的共同點，建立彼此相容的心理基礎。如果你提的是補充性建議，那就要首先從明確肯定老闆的大框架開始，提出你的修正意見，作一些枝節性或局部性的改動和補充，以使老闆的方案或觀點更為完善，更有說服力，更能有效的執行。

　　請教會增強老闆對下屬的信任感。當你用誠懇的態度來進行彼此的溝通時，老闆會逐漸排除你在有意挑毛病、你對老闆不尊重等這些猜測，逐漸了解你的動機，開始恢復並增強對你的信任。

　　社會心理學家們認為，信任是人際溝通的「過濾器」。只有對方信任你，才會理解你良好的動機，否則，如果對方不信任你，即使你提出建議的動機是良好的，也會經過「不信任」的「過濾」作用而變成其他的東西。

第十四章　你可以找老闆的碴嗎

卡內基講過這樣一個故事：

霍爾‧凱恩（Hall Caine）寫過很多小說，都是 20 世紀早期的暢銷書。有成千上萬、數不清的人讀過他的小說。他是一個鐵匠的兒子，他一輩子上學時間沒有超過 8 年，但是，當他去世時，他是當時最富裕的文學家。

他的經歷是這樣的：霍爾‧凱恩喜愛 14 行詩和民謠，因此他貪婪的讀完了但丁‧加百列‧羅塞蒂（Gabriel Charles Dante Rossetti）的全部詩作，他甚至寫了一篇講稿讚揚羅塞蒂的藝術成就，並寄了一份給羅塞蒂本人。羅塞蒂很高興，大概他想：「對我的能力持這樣崇高觀點的年輕人一定是才華橫溢的。」因此，羅塞蒂邀請這位鐵匠的兒子到倫敦做他的祕書。這是霍爾‧凱恩生活的轉折點。因為他的新職務使他見到許多在世的文學家、藝術家，並從他們的建議中獲得教益，從他們的鼓勵中獲得鞭策。他開始了文學生涯，並揚名天下。

他的家，曼島的格里馬堡，成為來自世界各地的遊客的必訪勝地。他的遺產有幾百萬美元。然而，如果他不曾寫那篇表達他對一個名人崇拜的文章，誰知道他會不會一生窮困潦倒。

不要一上來就指責錯誤

往往有這種情形：一句話說得好，說得人笑起來；說得不好，說得人跳起來。可見，語言的表達是十分重要的。

我們不但要巧妙說出與老闆相反的意見，還要照顧老闆的面子。對老闆談話持相反觀點的人，往往容易陷入「是堅持真理，還是照顧老闆面子」的兩難。

老闆需要意見，每一位老闆都不是萬能的神，有些問題連他自己都解決不好，故老闆需要下屬經常提出好的意見。對於那些強力相諫的人，老闆頭疼的不是他提的意見，而是意見的提出方式。

「老闆，您剛才說的觀點全錯了，我覺得事情應該這樣處理……」或者「老闆，您的辦法我不敢苟同，我認為……」這些方式是一上場就一棒子將老闆打「死」，造成兩人對立的狀態，讓老闆覺得臉上掛不住，故他也馬上進入「戰鬥狀態」，時刻尋找你言語中的錯誤而不是尋找當中的營養。

如果能抓住老闆意見中的某一處被你所認同的地方，加以大力肯定，爾後提出相反的意見則易被接納。因為你一開始肯定老闆意見的某一處價值，就已打開了進入老闆腦中意見庫的大門。例如：

「老闆說得對，在 ×× 方面，我們的確應該給予充分的重視，這是解決問題的前提之一，我認為，除此之外，我們還應當……」後面提了觀點，爾後重點在於論證過程，說理、舉例、指出不這樣做的後果，讓老闆意識到你的觀點從實踐上更加可行。

當然，在建議結束時，別忘了強調你提出相反意見的出發點。

「故我想，如果真能這麼做的話，排除這個問題不費吹灰之力，公司也能以更高的速度發展。」

聽了這話後，老闆會意識到你的一切意見的最終目的，都是為了公司的前途，也就是大家的前途。就算你的意見最終被證實行不通，你也不會因此喪失老闆對你的信任。

迂迴表達自己的異議。當年曹操想廢長子曹丕立二兒子曹植為太子，將這個想法私下告訴了謀士賈詡。賈詡完全不贊同曹操的想法，聽了之後，本想極力反對，但猶豫了一下，竟然一言不發。

曹操見賈詡不作聲，又說了一遍。賈詡這才回答：「對不起，我想到

第十四章　你可以找老闆的碴嗎

了袁紹、劉表。」

曹操聽了，大笑三聲，再不提及廢立太子之事了。

為什麼？因為在封建社會，帝王廢長立幼是一件極易引起軒然大波的事，弄不好就是兄弟相殘、內臣相鬥，無止無休。在曹操之前的袁紹與劉表，都嘗過廢長立幼的苦酒。「前車之覆，後車之鑑」，賈詡正是用這種迂迴的方式，表達出自己對曹操的異議。

在職場上，過於直接的批評方式，會使老闆自尊心受損，大跌顏面。因為這種方式使得問題與問題、人與人面對面的站到一起，除了正視彼此以外，已沒有任何的迴旋餘地。而且，這種方式是最容易形成心理上的不安全感和對立情緒的。你的反對性意見猶如兵臨城下，直對老闆的觀點或方案，怎麼會使老闆不感到難堪呢？特別是在眾人面前，老闆面對這種已形成挑戰之勢的意見，已是別無選擇，他只有痛擊你，把你打敗，才能維護自己的尊嚴與權威，而問題的合理性與否，早就被拋至九霄雲外了，誰還有暇去追究、探索其中的道理呢？

事實上，我們會發現，透過間接的途徑表達自己的意見反而更容易被人接受，這大概就是古人以迂為直的奧妙所在吧！

原因其實是很簡單的，間接的方法很容易使你擺脫其中的各種利害關係，淡化矛盾或轉移焦點，從而減少老闆對你的敵意。在心緒正常的情況下，理智占了上風，他自然會認真的考慮你的意見，不至於先入為主的將你的意見一棒子打死。

每個人都會犯錯誤，每個人也都有自己的自尊心，有些問題可以不必採用直接批評的方法。這時，如果採用間接的方法來指出問題所在，效果反而會更好。你無須過多的言辭，無須撕破臉，更無須犧牲自己，就可以說服老闆接受你的意見。

比如，你以老闆的話作為評價事物的標準，會使你在勸諫老闆的過程中處於一種安全、有利的地位，因為老闆是絕不反對別人引用自己的觀點的，而且，它會激發老闆的認同感和成就感，心生欣悅，或至少不會有所反感。再把老闆的觀點加以引申，最後得出一個顯而易見的不可行的結論，就會使老闆得以醒悟，同時，也使你的觀點得以巧妙的表達。

聰明的員工不會忽視一些委婉卻是十分有效的勸說方法。

┃爭取利益要講究藝術

事實上，我們幾乎一直在強調員工要多為老闆著想、要多做奉獻少談索取，但這個社會本身存在很多現實性的東西。就拿錢來說，我們再怎麼談理想、講奉獻，但也絕對不能做到超脫凡塵 —— 我們畢竟生活在一個活生生的社會當中，在這個社會離不開錢。具體到職場上的薪水來說，要做到完全不談薪水只講努力工作，難度實在太大。而要完全等老闆發現你的能力與付出，等老闆主動來替自己加薪升遷，有時也只是一廂情願而已。

作為員工，有權利向老闆要求自己應該得到的回報。只要你能為老闆做出成績，向老闆要求你應該得到的利益，他也會滿心歡喜。若你無所作為，不管在利益面前表現得多麼「老實」，老闆也不會欣賞你。

實際上，從領導藝術上講，善於控制員工的老闆也善於將手中的利益作為籠絡人心、激發員工的一種手段。由此可見，員工要求利益與老闆掌握利益是一個積極有效的處理上下級關係的互動手段。

要知道，一個有價值的員工，一個有成就的員工，為自己的利益而爭取是光明正大的。以下是你在為自己爭取利益時應當注意的。

第十四章　你可以找老闆的碴嗎

提出升遷請求要主動

　　人世間到處充滿著競爭。就社會來講，有經濟、教育、科技的競爭，有就業、入學，甚至養老的競爭。就升遷來說也不例外，在通向金字塔頂端的道路上，每一步都有競爭的足跡。

　　對於同一職位覬覦者有很多。當你知道某一職位或更高職位出現空缺，而自己完全有能力勝任這一職位時，保持沉默，絕非良策，而是要學會爭取，主動出擊，把自己的意見或請求告訴老闆，常常能使你如願以償。

　　戰國時期趙國的毛遂、秦王嬴政時的甘羅已為我們提供了最好的證明。特別是老闆有了指定的候選人，而這位候選人在各方面條件都不如你時，本著對自己負責的態度，也要積極主動爭取，過分的謙讓只會堵死你的升遷之路。

　　當你向老闆提出請求時應該講究方式，不能簡單化。宜明則明，宜暗則暗，宜迂則迂，這要依據老闆的性格、你與老闆以及同事的關係、你的人緣等因素而定。

　　可採用「明示法」，就是透過書面形式明確的向老闆提出自己的請求；或採用「暗示法」，即在與老闆溝通（包括談話或報告）過程中做出某種暗示，如「我要是擔任某職，會如何做，會比某某更能幹……」；或採用「迂迴法」，即請他人轉達自己的請求，而這個人最好是老闆的心腹。

提出調換工作職位的請求要適當

　　一個人若能得到與自己的能力、興趣完全一致的工作職位，那無疑是一件非常值得慶幸的事。在現實生活中，命運常常跟人們過不去。人們也常常在社會分工中，在某一部門裡，被安排在某個不是很理想的工作職位。

比如，有人想做電工，卻分到了機床邊；有人想當司機，卻來到鍋爐旁……面對這種種不盡如人意之處，人們應當有一個調整自己的取向，而不能一味遷就社會，使自己受到不公正的待遇。

在條件允許的情況下，我們要不要主動找老闆談談，提出調換工作職位的要求呢？

完全可以。假如在同一個公司內，你認為有更適合你的工作職位，那裡也需要人員補充時，你就可以提出這樣的要求。然而，在這種時候，往往有這樣幾種情況會影響你的請求。

一是你目前所在的職位更需要人，特別是一些相對而言比較艱苦勞累的工作職位，老闆不大願意輕易的把人員調動，以免動搖人心。因此，儘管你想去的職位也需要人，老闆也不一定會滿足你的願望。所以，你的請求便是不適當的。

二是儘管你所在的職位也可以讓你走，但你想去的職位卻是一個令很多人嚮往的地方，不少人也都有同樣的願望，在此情況下，老闆也常常寧可保持一種穩定和平衡，不做任何調整。於是，你的請求可能也會招致不好的結果。

因此，在提了類似的請求時，最好先考慮一下這樣做的可行性到底有多大，然後再做決定。否則，那將是不適當的。

 第十四章　你可以找老闆的碴嗎

結束語　歡迎老闆找碴

　　我們似乎一直在講如何盡量規避老闆的找碴，怎麼在這裡又要說歡迎老闆找碴？這是不是矛盾？

　　其實，編者在這裡所說的意思是：我們在心態上要對老闆找碴有一個正確的認知。老闆之所以找你的碴，是因為你還有提升與發展的潛力，至少證明他對你還有一定的企盼。就像夫妻兩人，當一方不找另一方的任何碴了，除了他們之間的感情非常非常好之外，只有一種可能：一方對於另一方已經沒有任何期望了；換句話說，就是死心了。而後者的可能性往往要大得多。

　　如果你的老闆不找你的任何碴，你有信心認為是因為你做得很完美嗎？如果沒有，那還不如他找你一些碴好。死心的夫妻之間除了毫無趣味的消磨著彼此的時間，就是離婚。而對你死心的老闆，你認為你們之間會有什麼好的結果嗎？

　　其實這本書，本質上不是教你如何少叫你的老闆找你的碴，而是教你如何提升自己，透過提升自己少讓老闆找碴。同時，你也可以透過老闆找碴來提升自己。如果你意識到老闆找碴有利於提升自己的能力，一定也會像那些優秀的員工一樣，會主動要求老闆找自己的碴 —— 問老闆：我這樣做對嗎？我還有什麼需要加強的地方？你有什麼意見儘管提出來……

　　在心態上歡迎老闆找碴，在行動上減少老闆找碴 —— 這也許是本書的中心思想。也只有在心態上歡迎老闆找碴，才能在行動上做到少給老闆找碴的機會。

　　最後，希望讀者在讀完本書後，也對編者多多找碴。作為編者，所有的讀者都是我的老闆，我歡迎你們找碴。讓我們一起在被找碴中成長！

我這麼得體又能幹，老闆為何還是看不慣？

加班的是我，整天被罵也是我，薪水最低還是我！原來不是處處被針對，而是工作沒有做到位

編　　著：吳載昶，江城子

發 行 人：黃振庭

出 版 者：財經錢線文化事業有限公司

發 行 者：財經錢線文化事業有限公司

E-mail：sonbookservice@gmail.com

粉 絲 頁：https://www.facebook.com/
　　　　　sonbookss/

網　　址：https://sonbook.net/

地　　址：台北市中正區重慶南路一段六十一號八
　　　　　樓 815 室

Rm. 815, 8F., No.61, Sec. 1, Chongqing S. Rd.,
Zhongzheng Dist., Taipei City 100, Taiwan

電　　話：(02)2370-3310

傳　　真：(02)2388-1990

印　　刷：京峯彩色印刷有限公司（京峰數位）

律師顧問：廣華律師事務所 張珮琦律師

定　　價：350 元

發行日期：2022 年 11 月第一版

◎本書以 POD 印製

國家圖書館出版品預行編目資料

我這麼得體又能幹，老闆為何還是看不慣？加班的是我，整天被罵也是我，薪水最低還是我！原來不是處處被針對，而是工作沒有做到位 / 吳載昶，江城子編著 . -- 第一版 . -- 臺北市：財經錢線文化事業有限公司 , 2022.11

　面；　公分

POD 版

ISBN 978-957-680-530-1(平裝)

1.CST: 職場成功法

494.35　111016654

電子書購買

臉書